“十三五”职业教育国家规划教材

烹饪专业及餐饮运营服务系列教材
中等职业学校高星级酒店管理专业核心课教材

酒水服务

（第2版）

主　编　文　珺　刘　玉　曾　萍
副主编　赵丽华　胡　瑾　陈　莹
张　玉　喻敏捷　罗　琳

旅游教育出版社
·北京·

图书在版编目（CIP）数据

酒水服务 / 文珺，刘玉，曾萍主编. -- 2版. -- 北京：旅游教育出版社，2022.1（2023.1重印）
烹饪专业及餐饮运营服务系列教材
ISBN 978-7-5637-4357-5

Ⅰ. ①酒… Ⅱ. ①文… ②刘… ③曾… Ⅲ. ①酒－基本知识－中等专业学校－教材②酒吧－商业服务－中等专业学校－教材 Ⅳ. ①TS971②F719.3

中国版本图书馆CIP数据核字(2021)第261449号

"十三五"职业教育国家规划教材
烹饪专业及餐饮运营服务系列教材
酒水服务（第2版）
主编　文珺　刘玉　曾萍
副主编　赵丽华　胡瑾　陈莹　张玉　喻敏捷　罗琳

策　划	景晓莉
责任编辑	景晓莉
出版单位	旅游教育出版社
地　址	北京市朝阳区定福庄南里1号
邮　编	100024
发行电话	（010）65778403　65728372　65767462（传真）
本社网址	www.tepcb.com
E-mail	tepfx@163.com
排版单位	北京旅教文化传播有限公司
印刷单位	北京虎彩文化传播有限公司
经销单位	新华书店
开　本	787毫米×1092毫米　1/16
印　张	10
字　数	125千字
版　次	2022年1月第2版
印　次	2023年1月第2次印刷
定　价	38.00元

（图书如有装订差错请与发行部联系）

烹饪专业及餐饮运营服务系列教材
中等职业教育餐饮类 / 高星级酒店管理专业
核心课程教材

《冷菜制作与艺术拼盘》（第 2 版）
“十三五”职业教育国家规划教材
配教学微视频
ISBN 978-7-5637-4340-7

《热菜制作》（第 2 版）
“十三五”职业教育国家规划教材
配教学微视频
ISBN 978-7-5637-4342-1

《西餐制作》（第 2 版）
“十三五”职业教育国家规划教材
教育部 · 中等职业教育改革创新示范教材
配教学微视频
ISBN 978-7-5637-4337-7

《食品雕刻》（第 2 版）
“十三五”职业教育国家规划教材
配教学微视频
ISBN 978-7-5637-4339-1

《西式面点制作》（第 2 版）
“十三五”职业教育国家规划教材
教育部 · 中等职业教育改革创新示范教材
国家新闻出版署“2020 年农家书屋重点出版物”
配教学微视频
ISBN 978-7-5637-4338-4

《中式面点制作》（第 2 版）
国家新闻出版署“2020 年农家书屋重点出版物”
配教学微视频
ISBN 978-7-5637-4341-4

《酒水服务》（第 2 版）
“十三五”职业教育国家规划教材
配教学微视频
ISBN 978-7-5637-4357-5

《西餐原料与营养》（第 4 版）
“十三五”职业教育国家规划教材
配题库
ISBN 978-7-5637-4358-2

目录
CONTENTS

第四篇 调制鸡尾酒

第五篇 酒水出品服务

第六篇 销售酒水

第七篇 收吧工作

第2版出版说明

《酒水服务》是中等职业教育高星级饭店运营与管理专业核心课程教材，第1版于2019年出版，2020年，该版教材入选“十三五”职业教育国家规划教材。

为满足中等职业教育餐饮类专业人才的培养需求，贯彻落实《职业教育提质培优行动计划（2020—2023年）》和《职业院校教材管理办法》精神，我们对《酒水服务》第1版进行了修订。此次修订，主要根据酒水服务教学需求，拍摄制作了30个教学微视频，内容涉及鸡尾酒装饰(15个)、酒吧果盘制作（5个）、鸡尾酒调制（3个）、烈性酒出品（3个）、软饮料出品（1个）以及葡萄酒服务（3个）。每个视频均根据酒水服务岗位要求及操作规范进行教学示范，学生可更直观地学习相关技能，并模拟完成工作任务，逐步建立起对酒水服务行业标准的认知，全面培养其职业能力与职业素养。

概括起来，第2版教材主要按以下要求修订：

（一）以马克思列宁主义、毛泽东思想、邓小平理论、“三个代表”重要思想、科学发展观、习近平新时代中国特色社会主义思想为指导，有机融入中华优秀传统文化、革命传统、法治意识和国家安全、民族团结以及生态文明教育，弘扬劳动光荣、技能宝贵、创造伟大的时代风尚，弘扬精益求精的专业精神、职业精神、工匠精神和劳模精神，努力构建中国特色、融通中外的概念范畴、理论范式和话语体系，防范错误政治观点和思潮的影响，引导学生树立正确的世界观、人生观和价值观，努力成为德智体美劳全面发展的社会主义建设者和接班人。

（二）内容科学先进、针对性强，公共基础课程教材要体现学科特点，突出职业教育特色。专业课程教材要充分反映产业发展最新进展，对接科技发展趋势和市场需求，及时吸收比较成熟的新技术、新工艺、新规范等。

（三）符合技术技能人才成长规律和学生认知特点，对接国际先进职业教育理念，适应人才培养模式创新和优化课程体系的需要，专业课程教材突出理论和实践相统一，强调实践性。适应项目学习、案例学习、模块化学习等不同学习方式要求，注重以真实生产项目、典型工作任务、案例等为载体组织教学单元。

（四）编排科学合理、梯度明晰，图文并茂，生动活泼，形式新颖。名称、名词、术语等符合国家有关技术质量标准和规范。

（五）符合知识产权保护等国家法律、行政法规，不得有民族、地域、性别、职业、年龄歧视等内容，不得有商业广告或变相商业广告。

《酒水服务》是中等职业教育高星级饭店运营与管理专业核心课程教材，教材秉承做学一体能力养成的课改精神，适应项目学习、模块化学习等不同学习要求，注重以真实生产项目、典型工作任务等为载体组织教学单元。

全书围绕职业定位、对客服务、开吧工作、调制鸡尾酒、酒水出品服务、销售酒水和收吧工作共7篇18个学习模块，通过纸质教材、课后在线练习、听力练习、世界经典鸡尾酒配方及教学微视频等教学资源，对酒水服务专业知识进行了深入而细致的介绍。

教材配有二维码教学资源。通过配套教学资源的逐步完善，我们力求为学生提供多层次、全方位的立体学习环境，使学习者的学习不再受空间和时间的限制，从而推进传统教学模式向主动式、协作式、开放式的新型高效教学模式转变。

本教材既可作为中职院校学生的专业核心课教材，也可作为岗位培训教材。

旅游教育出版社

2022年1月

第1版出版说明

2005年，全国职教工作会议后，我国职业教育处在了办学模式与教学模式转型的历史时期。规模迅速扩大、办学质量亟待提高成为职业教育教学改革和发展的重要命题。

站在历史起跑线上，我们开展了烹饪专业及餐饮运营服务相关课程的开发研究工作，并先后形成了烹饪专业创新教学书系以及由中国旅游协会旅游教育分会组织编写的餐饮服务相关课程教材。

上述教材体系问世以来，得到职业教育学院校、烹饪专业院校和社会培训学校的一致好评，连续加印、不断再版。2018年，经与教材编写组协商，在原有版本基础上，我们对各套教材进行了全面完善和整合。

上述教材体系的建设为“烹饪专业及餐饮运营服务系列教材”的创新整合奠定了坚实的基础，中西餐制作及与之相关的酒水服务、餐饮运营逐步实现了与整个产业链和复合型人才培养模式的紧密对接。整合后的教材将引导读者从服务的角度审视菜品制作，用烹饪基础知识武装餐饮运营及服务人员头脑，并初步建立起菜品制作与餐饮服务、餐饮运营相互补充的知识体系，引导读者用发展的眼光、互联互通的思维看待自己所从事的职业。

首批出版的“烹饪专业及餐饮运营服务系列教材”主要有《热菜制作》《冷菜制作与艺术拼盘》《食品雕刻》《中式面点制作》《西式面点制作》《西餐制作》《西餐烹饪英语》《西餐原料与营养》《酒水服务》共9个品种，以后还将陆续开发餐饮业成本控制、餐饮运营等品种。

为便于老师教学和学生学习，本套教材同步开发了数字教学资源。

旅游教育出版社

2019.1

第一篇
——职业定位

今天是小王到酒吧实习的第一天，酒水部的李经理给小王介绍了酒吧相关情况，并对小王今后的工作提出了具体要求。

【想一想】

李经理对员工有哪些要求？这些要求对小王从事酒吧工作有哪些作用？

模块1 了解酒吧

【工作任务】

去一家当地知名的酒吧进行调研，了解酒吧的格局，实地参观酒吧服务员的工作环境，同时与酒吧一线员工进行交流，了解具体的岗位职责及要求。

【引导问题】

1. 酒吧的种类和经营特点是什么？
2. 明确酒吧的组织结构是什么。
3. 了解一些世界著名酒吧，感受丰富多彩的酒吧文化。

一 酒吧的种类

1. 站立式酒吧（The Stand-up Bar）

站立式酒吧，是国内外饭店中最常见的酒吧形式之一，又称为美式站立式酒吧、独立封闭式酒吧等。站立式酒吧的核心是吧台，其设置形式通常有直线形、马蹄形、环形等。

站立式酒吧的特点是客人直接面对调酒师坐在吧台前，调酒师从准备材料到酒水的调制和服务全过程都在客人的注视下完成。

酒吧的历史：

酒吧一词英文为“Bar”，原意为栅栏或障碍物。相传，早期的酒吧经营者为了防止发生意外，减少酒吧财产的损失，一般不在店堂内摆放桌椅，而在吧台外设立横栏，一方面起到阻隔的作用，另一方面可以为骑马而来的饮酒者拴马或搁脚提供方便，久而久之，人们把“有横栏杆的地方”专指为饮酒的酒吧。

“Bar”一词开始被广泛使用大约是在19世纪30~50年代的美国。

19世纪中叶，随着旅游业、饭店业的兴起和发展，酒吧进入饭店业，并越来越显示其重要性。

我国《旅游涉外星级饭店的划分与评定》规定：四五星级饭店应具有位置合理、装饰高雅、具有特色的独立封闭式酒吧。

调酒操作具有明显的表演性，因此对调酒师的仪容仪表、操作技能以及与客人的交流沟通技巧等要求都较高。

2. 服务性酒吧（The Service Bar）

服务性酒吧，是附属于中、西餐厅的酒吧，以供应佐餐和各类佐餐饮料为主。其构造比较简单，设施设备除工作台外，还须配置足够空间的冷藏柜、葡萄酒柜和装饰精美的酒水展示柜。

服务性酒吧的服务员一般不直接对客服务，其主要内容是根据酒吧的标准配置、库存准备各类酒水饮料，按酒水订单供应酒水。

服务性酒吧通常是职业调酒师工作的起点，它为调酒师全面熟悉各类酒水饮料提供了一个良好的训练场所。

3. 鸡尾酒廊（The Cocktail Lounge）

鸡尾酒廊，通常是饭店主要的酒水销售场所，它是饭店的主酒吧。酒吧装潢精致、风格各异，往往是一个饭店等级的象征。

鸡尾酒廊设施设备高档，环境高雅舒适，有专门的调酒师和服务员提供服务，酒水品种齐全，尤其是鸡尾酒品种繁多。

根据酒吧的主题定位和形式不同，酒吧通常分为商业、文化及会员制几大类：

- 商业酒吧

气氛热烈、大众化，在酒吧设计时应考虑酒吧的特点是大众化，要融入时尚元素打造氛围酒吧。商业酒吧大多集中在闹市区，面积大，有很好的商业管理和商业操作模式。它更流行、更主流，吸引的客人更加多元化，客流量相对更大，但假如不能形成自己的特色，那么在同行业的激烈竞争中很难脱颖而出。

- 文化酒吧

清净，富有个性，在酒吧设计时需融入个性元素，同时营造安静祥和的气氛，并要求能够体现某个时期某种文化的特色。这类酒吧设计面积小，但由于其独有的特色和文化背景，吸引的客人针对性更强，客人相对单一，主题性强，生命力强，可以做成老店。这种类型的酒吧生命力非常旺盛，能够吸引很多固定的客人，这也是文化酒吧的一大特色。

- 会员制酒吧

其客人需要满足特定的条件。对客人来说，出入会员制酒吧，是身份的一种体现。因此在做这类酒吧设计时需要考虑客人群，体现优雅、高贵的风格。这种酒吧追求的是高档和豪华的服务和享受，在品位方面一定不能马虎。

4. 宴会酒吧（The Set-up Bar）

宴会酒吧，又称临时性酒吧，是为各种宴会设立的，由宴会的规模、标准和形式决定大小的酒吧。

宴会酒吧最大的特点是即时性强，供应的酒水品种随意性大。

宴会酒吧常设立于各类大型中西餐宴会、鸡尾酒会、冷餐会、贵宾厅宴会等。

5. 餐娱市场及其他相关场所的酒吧

（1）以酒水饮料服务为主：如传统的英美式酒吧、日式酒吧、韩式酒吧等。

（2）以茶饮、咖啡为主：如中式茶室、英式红茶馆、咖啡店等。

（3）以娱乐项目为主：如迪吧、演艺吧、爵士吧、棋牌吧等。

（4）与餐厅相结合的酒吧：如美式主题餐吧、港式茶餐厅、德式啤酒坊等。

（5）其他带“吧”字场所，赋予了全新的含义（DIY）：如网吧、书吧、聊吧、射击吧、陶吧、布吧、玻璃吧等。

二 酒吧经营的特点

1. 酒吧人流量大，销售单位小，销售服务随机性强

酒吧客人流动性大，服务频率高，销售往往以杯为单位，每份饮料的容量通常低于10盎司。一个销售服务好、推销技巧高的酒吧，不仅销售额高，而且人均消费量大。服务员必须树立良好的服务意识，不厌其烦地为客人提供每一次服务。

> **加油站**
>
> **酒吧的组织结构：**
>
> 酒吧是饭店餐饮部一个重要的分支部门。在一些中小型饭店，酒吧直接隶属于餐饮部；在一些大型饭店，则专门设立酒水部，负责酒水的供给和服务工作。作为一个服务的整体，酒吧工作群体可以分成两个部分：一部分是负责酒水供应及调制的调酒师；另一部分是专门负责对客服务的酒吧服务员。

2. 酒吧人员配备少，但对人员的要求高

酒吧虽然也是生产部门，但它不像厨房那样需要宽敞的工作场地和较多的工作人员，一般每个酒吧配备一两个人即可。但是，酒吧服务和操作要求较高，每一份饮料、每一种鸡尾酒都必须严格按标准配制，而调酒本身又具有表演功能，要求调酒员姿势优美，动作潇洒大方、干净利落，给人以美的享受。所以，酒吧服务员必须经过严格训练，掌握较高的服务技巧，并能时刻运用各种推销技能，

不失时机地向客人推销酒水。服务员还必须注意言行举止，讲究仪容仪表，保持各种服务设施整洁卫生。

3．资金回笼快，销售利润高

酒品一般以现金结账，资金回笼快。酒水的综合毛利率通常高于食品，一般达到60%左右，酒水服务还可以刺激客人消费其他食品，所以，酒吧销售利润高。

4．酒吧成本控制难度较大

由于酒水饮料的利润较高，一些管理人员往往会放松管理，使酒水大量流失，一些伪劣酒品以次充好的现象也时有发生。酒吧管理人员必须经常督促和检查酒吧员工工作，尽可能杜绝各种漏洞和不必要的损失。还必须加强对员工的思想教育，不断提高员工觉悟，一旦发生问题，必须严肃查处。

加油站

我国著名的酒吧文化区域：

作为一种“舶来品”和西方的一种文化生活方式，酒吧在中国的发展也是潮起潮落。自20世纪90年代以来，酒吧业在中国迅猛发展，成为引领餐饮时尚潮流的弄潮儿。在一些城市，形成了相对集中的酒吧文化区域。

●北京三里屯酒吧一条街

三里屯酒吧一条街位于北京朝阳区三里屯北路东侧，全长260米，占地面积1648平方米，毗邻使馆区。三里屯酒吧街经过不断发展，已成为国内乃至国际知名度颇高的饮食文化特色街。

模块2 做一名优秀的调酒师

【工作任务】

“调酒师应当有矫健的双腿和灵巧的双手！”——有位资深职业人曾经这样说道。那么，是不是有了这些就能保证成为高水平的调酒师了呢？我看未必，如果您对酒类生产及餐饮服务毫无兴趣，或者说您根本不喜欢调制鸡尾酒，甚至不喜欢和客人打交道！那么，我可以断言：调酒师这个职业不适合您！相反，您虽然已经工作了很久，有点累了，但是还能够认真工作，动作稳健而又敏捷，自始至终保持愉快的心情，同时还不失风趣与幽默，如果这样，在您积累了一定的经验之后，一定会成为一名喜爱这个行业的职业人，并且会得到大家的好评和尊敬。

【引导问题】

1．调酒师的职责。

2．调酒师的专长。

3．调酒师与客人的关系。

一 调酒师的职责

调酒师的工作职责在不同的酒吧是不同的，这取决于酒吧老板对其的信任程度。概括起来，调酒师的职责主要有以下几个方面：

（1）迎接、通报客人，为客人提建议，接受并完成客人点购的酒品。

（2）学习酒吧工作的基本知识并且应用在工作中。

（3）补充酒吧储备，准备冰块和新鲜的水果。

（4）确认提供给客人的酒品是否符合客人的口味，是否符合安全卫生标准，制作和销售是否符合企业规定。

（5）参与清点库存，完成酒类及其他食物的采购工作。

（6）负责保管酒吧的设备。

（7）负责收款。

（8）按照酒吧的菜单来选择酒类的品种。

（9）组织各种各样的活动。

加油站

一个调酒师该知道的：

● 对酒了如指掌

调酒师要掌握各种酒的产地、物理特点、口感特性、制作工艺、品名及饮用方法，并能够鉴定出酒的质量、年份等。

● 掌握调酒技巧

正确使用设备和用具，熟练掌握操作程序，不仅可以延长设备的使用时间，也是提高服务效率的保证。

● 了解酒背后的习俗

一种酒代表了酒产地居民的生活习俗。不同地方的客人有不同的饮食习俗、宗教信仰。饮什么酒，在调酒时用什么辅料都要考虑清楚，如果推荐给客人的酒不合适，便会影响到客人的兴致，甚至还有可能冒犯客人的信仰。

● 英语知识很重要

首先是要认识酒标。目前，酒吧卖的都是国外生产的酒，商标用英文标示。调酒师必须能够看懂酒标，选酒时才不会出错。因为所有物理性质都一样的酒如果产地不同，口感会大相径庭。其次，酒吧经常会有外国客人，懂一些外语会让工作更顺畅。

● 具备较好的气质

酒吧对调酒师的身高和容貌有一定的要求：服饰得体、仪表健康、风度高雅，表情亲善，气质好。此外，天生心态平和，喜欢和人打交道对于顺利从业也有很大帮助。

二 调酒师的专长

1. 理论知识

（1）调酒师必须熟悉所有酒和软饮料的品牌、种类、生产方式、饮用规则。这些知识将有助于其与客人打交道，或者与供货商接触以及制定酒单。

（2）调酒师应能区分各种用来装饰鸡尾酒的香料和食物。还要熟悉开胃酒和鸡尾酒配菜的食物。

（3）调酒师要掌握鸡尾酒的分类及其调制方法。

（4）调酒师要熟记大量的鸡尾酒配方。例如：伦敦的调酒师爱德姆·海伦斯能记住300个鸡尾酒配方，其中包括使用何种酒杯，用何种装饰。

2. 技术知识

（1）调酒师要会使用酒吧中所有的配料和器具。

（2）调酒师要善于按照客人的订单为他们提供所需酒水。

（3）调酒师要善于调制鸡尾酒，尊重鸡尾酒的配方并且严格按照其比例调制。

（4）调酒师要学会迅速并且稳健地工作，这是调酒师工作技能中两个非常重要而又难以达到的要求。工作迅速，为的是在较短的时间内配制出大量的酒；工作稳健，要求对待每一位客人都要保持一贯水平。

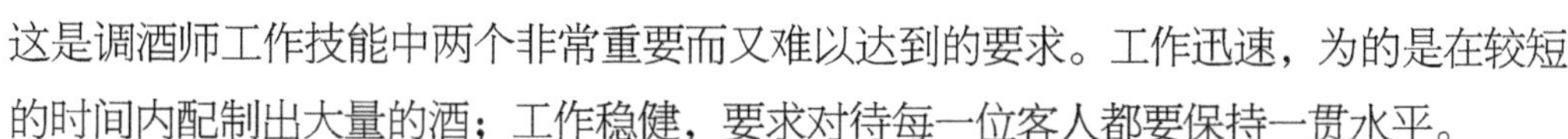

（5）调酒师要知道酒吧中销售的每种酒的味道，要懂得鉴赏酒。

3. 综合素质

调酒师个人素质的发展是以其在职业等级上的发展为基础的。

（1）调酒师要完善自己的如下能力：语言沟通能力；外语水平；处理人际关系的能力；了解时事要闻，以便同客人交谈时能找到话题。

（2）诚实守信。

（3）打扮得体，穿着整洁，举手投足要符合礼仪，如果使用香水，要适量。

（4）要善于倾听客人说话，善于同客人交谈，但一定要保持距离。

（5）要熟知近期酒类供需趋势。

（6）要有创造力，善于发明。

4. 实践技能

（1）要善于处理难题。

（2）要善于降低醉酒客人的酒的剂量，而且要拒绝为那些已经酩酊大醉的客人继续上酒。

（3）要替客人的谈话内容保密。

（4）要有团队协作精神。

（5）调酒师在服务客人时，也不应该忘记鸡尾酒的味道与其制作方法同等重要。

（6）调酒师不能寄期望于酒精的消毒功效，而忽视卫生标准。要始终用饮用水来制冰；要认真清洗水果，最后用饮用水来冲刷。尽可能地避免用手直接接触配料，而只能使用钳子或酒吧专用勺子。

三 与客人的关系

（1）时刻面带微笑，永远不发脾气。

（2）记住客人的名字还有他们所喜欢的饮品。

（3）要时刻留意客人需要，及时提供打火机、烟灰缸、水、餐巾纸等。

（4）要在客人还没喝完酒时，就询问其是否添酒；客人不想添加饮品时，不要当客人的面把杯子拿走。

（5）及时清洁烟灰缸。

（6）友善地对待每位客人。

（7）要随手可以拿到菜单。

（8）不要为了多赚点小费而找给客人过多零碎的钱币。

第一篇
题库 · 在线练习

第二篇

——对客服务

小王今天的见习岗位在酒吧，他的工作从认识酒吧的酒单开始。如何看懂酒吧酒单，摆放酒单有哪些讲究，酒吧服务员的工作流程是怎么样的……小王怀着一颗忐忑而充满期待的心，开始了一天的工作。

【想一想】

酒吧服务的具体工作有哪些？标准的工作流程是什么？

模块3 认识酒单

【工作任务】

请将酒单按照正确的方法摆放在桌面上。

【引导问题】

1. 酒单的内容有哪些？
2. 酒单如何分类？
3. 各类酒单都有哪些特点？

加油站

酒单中经常出现的销售单位：

PER：每份（杯、盎司、瓶、壶等）

GLS：Glass的缩写，意为每杯

CAN：意为罐装、每罐

BOT：Bottle的缩写，意为小瓶包装或半瓶包装（Half Bottle）

OZ：Ounce的缩写，意为盎司（安士）

ML：毫升

一 酒单的内容

酒单主要由酒品名称、数量、价格及描述四部分组成。

（1）名称：酒品名称必须通俗易懂，尽量不要用冷僻、怪异的词。命名时可按饮品的原材料、配料、饮品、调制出来的形态命名，也可按饮品的口感冠以幽默的名称，还可针对客人搜奇猎异的心理，抓住饮品的特色加以夸张。

（2）数量：酒品数量必须明确，是一盎司还是一杯，一杯有多大容量，都应写清楚。客人对

信息不明确的品种总是抱着怀疑及拒绝点要的心态，不如大大方方地告诉客人，让客人在消费中比较，并提出意见和建议。

（3）价格：凡是标着“时价”的菜品，客人都很少点用。酒单中的各类酒品必须明码标价，让客人心中有数，自由选择。

（4）描述：对某些新推出或引进的饮品应有明确的描述，以便客人充分了解其配料、口味、做法及饮用方法。一些特色饮品可配彩照。

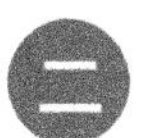

二 酒单的分类

酒单一般分为综合类酒单和专卖类酒单两大类。

（1）综合类酒单：综合类酒单包含各类饮品、食品的综合信息，如鸡尾酒类、啤酒类、软饮料类、小食类等。

（2）专卖类酒单：专卖类酒单只列举某一类别酒品的详细信息。常见的专卖类酒单有葡萄酒酒单、鸡尾酒酒单等。

★ 模拟综合类酒单

干邑COGNAC（元／瓶）

百事吉V.S.O.P.Bisquit V.S.O.P. 800.00
人头马路易十三Remy Martin Louis XⅢ 12800.00
轩尼诗X.O.Hennessy X.O. 1380.00
人头马X.O.Remy Martin X.O. 1380.00

威士忌WHISKY（元／瓶）

黑牌威士忌Black Label 600.00
红牌威士忌Red Label 500.00

香槟CHAMPAGNE（元／瓶）

武当香槟Moe' t & Chandon 600.00

餐酒WINES（元／瓶）

武当红Mouton Cadet Red 260.00
皇朝白Dynasty Dry White Wine 130.00
雷司令干白Huadong Winery 130.00

专卖酒单常见类别：

葡萄酒单（Wine List）
鸡尾酒单（Cocktail List）

酒店专用葡萄酒杯：

酒店专用葡萄酒是酒店选定的几类进价便宜、质量好、适合大众口味、货源充足且可散装销售的葡萄酒。

葡萄酒与汽酒开瓶后，酒的质量在几小时内便会发生变化。如红葡萄酒开瓶后，酒质会因氧化而改变。白葡萄酒开瓶后也只能在冰箱中保存三天左右。汽酒开瓶后即使用香槟塞盖上，气体也会在一天内跑掉60%以上。所以，散装销售的葡萄酒一般都用酒店专用葡萄酒杯。

知识拓展：

● 长饮类鸡尾酒

长饮（Long Drinks）是一种量大而酒性温和的鸡尾酒。因杯中放入冰块来确保引用温度，所以消费者可慢慢饮用，故称长饮。

● 子弹类鸡尾酒

子弹类鸡尾酒是以子弹杯为载杯且量小的鸡尾酒。子弹杯英语称为“Shooter Glass、Short Glass或Cordial Glass”，由于体积细小形似子弹，故有子弹杯之称。子弹杯常被用于盛装烈酒、利口酒或子弹类鸡尾酒，其容量分1盎司和2盎司两种规格。

当调制的鸡尾酒成分中不含软饮料类时，一般使用容量1盎司的子弹杯作为载杯，否则，就使用容量为2盎司的子弹杯作为载杯。

优质服务意识：

赢得客人的忠诚要靠优质服务，那么什么是优质服务?

规范服务+超值服务=优质服务

优质服务七要素：

1. 微笑

微笑是最生动、最简洁、最直接的欢迎词。

2. 精通

要求员工对自己所从事工作的每个方面都要精通，并尽可能地做到完美。

3. 准备

随时准备好为客人服务。

4. 重视

把每位客人视为“上帝”，不怠慢客人。

5. 细腻

服务中善于观察、揣摩客人心理，及时提供服务，甚至在客人未提出要求之前就能满足客人需求，使客人倍感亲切。

6. 创造

为客人营造温馨的饮酒气氛，态度友善。

7. 真诚

热情好客是中华民族的美德。当客人离开时员工应发自内心地、通过适当的语言真诚邀请客人再次光临。

餐前开胃酒APERITIES（元／杯）

金巴利Campari 32.00
杜本内Dubonnet 32.00
皮诺Pernod 32.00
仙山露Cinzano 34.00

雪利及波特酒SHERRY & PORT（元／杯）

进口干雪利Imported Dry Sherry 36.00
进口红波特Imported Port 60.00

金酒/朗姆酒/特吉拉/伏特加

GIN/ RUM/ MEXICO LIQUOR/ VODKA（元／杯）

来利Larios 78.00
必发达Beefeater 30.00
百家地Bacardi 30.00
黑朗姆酒Myer' s Dark 30.00
特吉拉Tequila 28.00
斯密诺夫Smirnoff 25.00

餐后甜酒LIQUEURS（元／杯）

君度Cointreau 36.00
甘露咖啡Kahlua 36.00
杜林标Drambuie 36.00
樱桃白兰地Cherry Brandy 36.00
喜龄樱桃Cherry Heering 36.00
可可甜酒Creme De Cacao 36.00

鸡尾酒及长饮COCKTAILS & LONG DRINKS（元／杯）

红粉佳人Pink Lady（gin，lemon juice，grenadine）42.00

干马天尼Dry Martini（gin，cinzano dry）39.00

玛格丽特Margarita（tequila，lemon juice）39.00

新加坡司令Singapore Sling（gin，lemon juice，cherry brandy）45.00

啤酒BEER（元／瓶）

嘉士伯 Carlsberg 39.00
喜力 Heineken 39.00

果汁及什饮FRUIT JUICE & SQUASNKS（元／份）

水果宾治　Fruit Punch　39.00
新鲜果汁　Fresh Fruit Juice　35.00

软饮料SOFT DRINKS（元／杯）

可口可乐　Coca Cola　35.00
依云矿泉水　Evian Mineral Water　35.00

★ 模拟葡萄酒酒单

英文名称	中文名称
Champagne & Sparkling Wine	香槟、汽酒
White Wine	白葡萄酒
Red Wine	红葡萄酒
Rose Wine	桃红葡萄酒
House Wine / By The Glass	酒店专用葡萄酒/散卖葡萄酒

★ 模拟鸡尾酒酒单

英文名称	中文名称
Classics/Oldies	经典类鸡尾酒
Non-Alcoholic/Mocktails	不含酒精类混合饮料
Shooters	子弹类鸡尾酒
Specialties/Special Drinks	特别推荐鸡尾酒
Long Drinks	长饮类鸡尾酒

模块4　酒吧服务程序

【工作任务】

调酒师要完成多项工作，从最初的酒单摆放、迎接客人，到为客人点酒、调酒以及最后的结账，有不少细节需要注意。优秀的调酒师总是善于细心观察，能及时为客人服务。

调酒师要时刻观察吧台，及时擦拭吧台表面的水渍及杂物，经常更换烟灰缸，及时为客人斟倒酒水。

【引导问题】

1. 酒吧服务流程是什么？
2. 酒吧服务的细节有哪些？

★ 酒吧服务流程

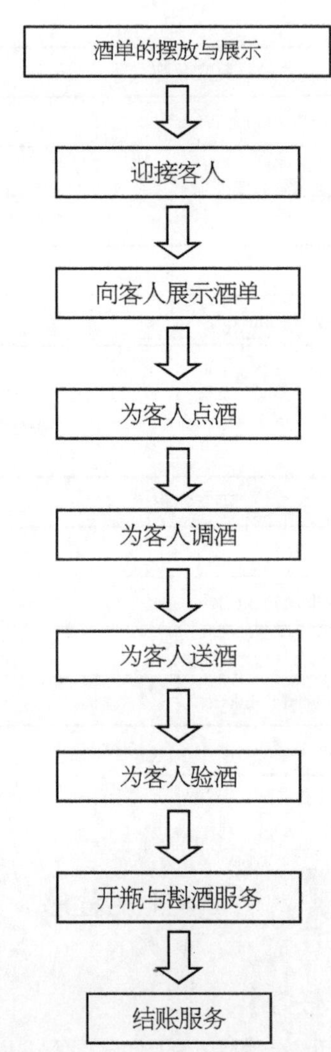

加油站

摆放酒单有讲究：

酒吧通常会备有足够数量的酒单。上晚班的同事在营业结束后会把酒单收回，整齐地叠放在一起。

今早，调酒师小莫正从后吧柜中取出昨晚放入的酒单……

小徐："需要我摆放这些酒单吗？"

小莫："好的！但是在摆放前请先检查酒单是否干净或破损。"

小徐："要用毛巾把酒单都擦拭一遍吗？"

小莫："是的。擦拭后就可以摆放了。"

小徐："摆放酒单有讲究吗？"

小莫："在酒吧摆放酒单有这样的规定：第一，酒单从中页打开为90度角，立放在每张桌上；第二，每张桌上摆放酒单的位置和方向要统一。"

小徐："真看不出，摆放酒单还有这些讲究啊！"

一 酒单的摆放与展示

1. 酒单和台卡的准备

（1）依据酒吧规模备好规定数量的酒单和台卡。

（2）检查酒单是否破损及其清洁程度。

（3）检查每个吧桌上的台卡内夹的酒单内容是否齐全。

2. 摆放酒单和台卡

（1）将酒单从中页打开成90度角立放在吧桌上。每个吧桌上酒单摆放的位置、方向应一致。

（2）台卡一般摆放于吧桌的中心部位。

二 迎接客人

（1）客人到来时，酒吧服务员应微笑用专业用语问候客人。

（2）引领客人到其喜爱的座位入座。单个客人喜欢到吧台前的吧椅上就座。两位以上的客人，服务员可领其到小圆桌就座，遵照女士优先的原则协助拉椅。

三 向客人展示酒单

（1）站于客人右后侧。

（2）将酒单的第一页打开，双手递送给客人。

（3）递送酒单时，应遵循先女后男、先宾后主的服务次序。

四 为客人点酒

（1）递送酒单后，应给客人一定的选择时间，然后再询问客人是否可以开单。

（2）注意听清客人所点要酒水的名称和数量（或分量）。

（3）开列的酒水订单应字迹工整，内容完整。

（4）记录完毕后应向客人复述一遍其所点要的酒水。

（5）在开单过程中，应向客人积极推销酒吧产品，争取客人最大限度地在酒吧消费。

（6）客人点要进口蒸馏酒或一些特殊饮品时，要问清客人所点要的分量及饮用方法，并记录下来，以便调酒员制作。

（7）开单结束后，礼貌地向客人道谢并请客人稍等。

为客人点酒：

在服务过程中，服务员不仅是一名接待者，同时也是一名兼职推销员。向客人推销酒时要有建议性地推销，因为合理的推销和盲目的推销之间会有很大的差别，后者会使客人生厌，有被愚弄的感觉。盲目推销也会与客人的“物有所值”的消费心理背道而驰。另外，服务员不可凭自己的喜好去影响客人的消费情绪，自己不喜欢的或许正是客人所乐意接受的，不可对任何客人所点的食品、饮品表示不屑或有异议。

五 为客人调酒

调酒师接到点酒单后要注意以下事项：

（1）姿势正确，动作潇洒，自然大方。

（2）调酒时，应始终面对客人，去陈列柜取酒时应侧身而不要转身，否则会被视为不礼貌。

（3）严格按配方要求调制，如客人所点的品种酒水单上没有，应征询客人的意见。

（4）按规范操作。

（5）应将调制好的酒尽快倒入杯中，吧台前就座的客人应倒满一杯，其他客人斟到八成满即可。

（6）随时保持吧台及操作台卫生，将用过的酒瓶及时放回原处，及时清洗调酒工具。

（7）当吧台前的客人杯中的酒水不足1/3时，调酒师可建议客人再来一杯，起到推销的作用。

（8）掌握好调制时间，不要让客人久等。

六 为客人送酒

（1）服务员应将调制好的饮品用托盘从客人的右侧送上。

（2）送酒时应先放好杯垫，递上餐巾后再上酒，同时报出饮品的名称：“这是您（你们）的×××，请慢用。”

（3）服务员要巡视责任服务区，及时撤走空杯、空瓶。

（4）适时向客人推销酒水，以增加酒吧的营业收入。

（5）提供送酒服务时，服务员应注意轻拿轻放，手指不要触及杯口，处处显示礼貌和卫生习惯。

（6）如果客人点了整瓶酒，服务员要按示酒、开酒、试酒、斟酒的服务程序为客人服务。

七 为客人验酒

验酒的目的，其一是得到客人的认可；其二是让客人确认品酒的味道和温度；其三是显示服务的规范。

1. 验酒的正确方法

（1）面带微笑。

（2）右手大拇指在上，其他手指并拢在下扶着瓶颈，左手托着瓶底。

（3）将酒标对着客人，给客人展示确认。

（4）用礼貌用语：您好，先生/小姐，这是您点的××酒，请您过目。请问可以帮您打开吗？

给客人验酒是酒水服务很重要的事：

● 假如拿错了酒，验酒时经客人发现，可立即更换。如果未经客人同意而擅自开酒，损失将由服务员自己承担。不管客人对酒是否有认识，均应确实做到验酒，这种做法也体现了对客人的尊敬。

● 供应红葡萄酒的温度应与室温相同，淡红酒可稍加冷却，可用美观别致的酒篮盛放。该酒因陈年常会有沉淀，要小心端到餐桌上，不要上下摇动。先行给客人验酒，经确认后再服务。从酒库取出酒后，在拿给客人验酒之前，均需将每只酒瓶上的灰尘擦拭干净，仔细检查后再拿至餐桌上给客人验酒。

斟酒量：

白兰地为1PER；红葡萄酒净饮1/3，混酒八分满；啤酒八分满、二分泡；香槟酒八分满。

2. 验酒的意义

（1）一般较为名贵的香槟酒、红酒、洋酒在客人饮用之前，首先要请客人验酒，以便客人确认酒的各类信息。

（2）验酒是饮酒服务中的一个重要礼节。

（3）验酒显示服务的周到与高贵。

（4）让客人确认酒的味道和温度是否合适。

八 开瓶服务

1. 一般酒开瓶

供酒时应选备一只开瓶塞的拔塞钻，最好是带有横把及刀子的“T”字形自动开瓶器，其螺旋钻能藏于柄内，使用时可减少麻烦。

2. 起泡酒开瓶

起泡酒因为瓶内有气压，故软木塞外还有铁丝帽，以防软木塞被弹出。

其开瓶步骤是：把瓶口的铁丝与锡箔剥掉，以45度角拿着酒瓶，拇指压紧木塞并

葡萄酒的开瓶步骤：

割破锡箔（在瓶口，用刀往下割），把瓶口擦拭干净，拔软木塞，再次把瓶口擦拭清洁。操作方法是：先除去瓶盖外套，至瓶口下1/4时，用布擦净后将拔瓶钻自瓶塞顶部中心穿入，旋转至全部没入木塞中，再徐徐抽出瓶塞。把软木塞放到碟子中，让客人闻木塞以验酒。

一倒法：

斟酒前将酒瓶口擦拭干净，手持酒瓶时动作要轻缓，不要震荡起酒中的沉淀。将酒标对着客人，先斟少许至主人或点酒客人杯中，请其验酒，经同意后再进行斟酒。

两倒法：

两倒法适用于斟倒起泡的葡萄酒或香槟酒以及啤酒类酒水。

两倒法包含两个动作：初倒时，酒液冲到杯底会起很多泡沫，等泡沫约达酒杯边缘时停止倾倒，稍待片刻，至泡沫下降后再倒第二次，继续斟倒酒水至2/3或3/4杯。

将酒瓶扭转一下，等瓶内的空气弹出软木塞后，继续压紧软木塞并以45度角拿着酒瓶。

其进行方法是：首先将酒瓶外包锡箔自顶至颈下4厘米处割除，后将丝环解开，用拇指紧压瓶塞，以防骤然冲出；另一只手握瓶子的底部，将瓶徐徐向一方转动，并保持斜度45度，转动酒瓶，瓶塞不动。假如瓶勺下足以将瓶塞顶出，可让瓶塞慢慢自边推动，瓶塞离瓶时，将塞握住。

开启含有碳酸的饮料如啤酒等时，应将瓶子远离客人，并且将瓶身倾斜，以免液体溢至客人身上。

九 斟酒服务

斟酒的方法有台斟和捧斟。

1. 台斟

服务员侧身用右手握紧酒瓶向杯中倾倒酒水。具体要领：手掌自然张开，握于瓶中身。斟酒时，瓶口与杯沿需保持一定的距离，一般以1厘米为宜，切忌将瓶口搁在杯沿或采取高溅注酒的错误方法。斟倒时，瓶身酒标应对着客人，注意掌握好斟酒的

加油站

斟酒的礼仪：

依惯例先倒入约1/4的酒在主人杯中，等主人品尝同意后，再开始给全桌斟酒。

斟酒时由右方开始。先斟满女客酒杯，后斟满男客酒杯。无论如何，当全部斟满客人酒杯后，才能斟满主人酒杯。只有在倒啤酒或起泡葡萄酒或陈年红葡萄酒时，才可以把酒杯拿到手上而不失礼。

如客人同时饮用两种酒时，不能在同一酒杯中斟倒两种不同种类的酒；已开的酒，应置于主人右侧。

空瓶不必早早收起，酒瓶也是一种装饰品，能烘托就餐气氛。

量，有些酒要少斟，有些酒要多斟。每斟一杯酒后，持瓶的手要顺时针旋转一个角度，同时收回酒瓶，使酒滴留在瓶口上，不至于落在台上或客人身上。左手用布巾擦拭一下瓶口，再给下一位宾客斟酒。

2. 捧斟

一手握瓶，一手将酒杯捧在手中，站在宾客的右侧，向杯内斟酒。斟酒动作应在台面以外的空间进行，然后将斟满的酒杯放在宾客右首处。捧斟适用于斟倒非冰镇处理的酒。

3. 斟酒注意事项

（1）斟酒时一定让客人看到酒标。

（2）香槟酒、白葡萄酒须冷藏，斟酒时要用服务巾包着。剩余的酒应马上放回酒桶以保持酒的温度。

（3）不同酒类所斟的分量不同。

（4）陈年葡萄酒的软木塞经常发生霉腐的情况，倒酒时要注意查看有无杂质。

（5）斟酒时尽量使用服务巾。

（6）随时为客人添加酒水。

十 结账服务

客人示意结账时，服务员应立即取回账单，认真核对台号、酒水的品种、数量及金额是否准确。确认无误后，服务员将账单放在账单夹中用托盘送至客人面前，并有礼貌地说："这是您的账单。"找回零钱时要向客人道谢，并欢迎客人下次光临。

第二篇
题库 · 在线练习

第三篇

——开吧工作

新的一天开始了，调酒师Alex清洁擦拭酒杯、摆放好酒具后，持酒水原料领货单前往库房领取酒水，有条不紊地开始了一天的工作……

【想一想】

酒吧营业前的准备工作俗称“开吧”，是酒吧调酒师一天工作的开始。为了保证酒吧服务及工作的正常运转，调酒师在开吧时需要完成哪些工作？

模块5 补充、陈列酒水

【工作任务】

1. 掌握领用补充酒水的工作流程。
2. 了解补充酒水时应注意的事项。
3. 掌握酒水基础知识。
4. 掌握酒水摆放的程序与原则。

【引导问题】

1. 酒水补充、陈列时应注意哪些事项？
2. 酒水领货单包括哪些内容？
3. 酒水陈列应遵循哪些原则？

调酒师需根据酒店及当前营业状况将每日所需酒水量等信息填入酒水领货单中，交由酒吧经理核准签字后到库房领取酒水。领回酒水后应根据酒质及特征分类排放好，需冷藏的放入冷柜，保质期久的应靠里摆放。取用时遵循“先入先出”的原则，即先领用的酒水先销售，先入柜的酒水先销售，然后做好酒水的记录工作，如实填写每日酒水的存货、领用、售出数量，以备下班时盘存及上级检查。

加油站

调酒师上岗前准备

个人卫生与仪容仪表检查：

仪容仪表决定调酒师给客人的第一印象。上岗前，调酒师一般要检查下列事项：

1. 服饰
2. 仪容修饰
3. 工作仪态
4. 礼节礼貌
5. 日常仪容仪表明细

（1）头发
（2）面部
（3）手及指甲
（4）服装
（5）鞋
（6）袜
（7）首饰及徽章
（8）动作姿势
（9）卫生
（10）举止印象

 酒水领用补充工作流程

酒水领货单（见表3-1）通常由晚班调酒师负责填写。当酒吧营业结束后，酒水原料库存量也相应减少，个别品种还可能沽清，准确补充酒水原料是翌日营业顺利进行的保证。晚班营业结束后，调酒师将酒吧库存的“实际盘存数”与“酒吧标准存货数”进行对照，列出短缺原料的实际数量，然后填写“酒水领货单”交由酒吧经理或主管签字确认。上早班的调酒师凭“酒水领货单”到库房落单和提货，为全天的营业做好准备工作。

表3-1　酒水领货单

部门：酒吧　　　　日期：××年××月××日

编号	品种	规格	单位	领货数量	实发数量	单价/元	总金额/元	备注
0029	咖啡利口酒	750ml	瓶	2	2	100	200	
0803	绝对伏特加	750ml	瓶	4	5	110	550	
0526	百威啤酒	330ml	瓶	3	4	120	480	听装
0901	哥顿金酒	750ml	瓶	5	4	140	560	
……	……	……	……	……	……	……	……	……

1. 核准酒水领货单

酒水领货单一般包括下列内容：

编号：酒店对酒水原料的自编码。

品种：酒水原料的全称。

规格：酒水原料的容量、重量等。

单位：酒水原料的计算单位，例如以瓶或以箱为单位等。

领货数量：酒吧计划领用酒水原料的数量。

实发数量：发货人根据货仓实际情况发放的酒

调酒师专业素质要求——应知专业知识：

（1）酒水知识
（2）原料的储藏保存知识
（3）设备、用具知识
（4）酒具知识
（5）营养卫生知识
（6）安全防火知识
（7）酒单知识
（8）酒谱知识
（9）酒水的定价原则知识
（10）习俗知识
（11）英语知识

调酒师专业素质要求——应会专业技能：

（1）设备、用具的操作使用技能
（2）酒具的清洗操作技能
（3）装饰物制作及准备技能
（4）调酒技能
（5）沟通技巧
（6）计算能力
（7）营销能力
（8）公关能力
（9）应变能力
（10）信息应用能力

先进先出原则：

每天补充酒水、饮料时都要进行位置倒换，避免冷柜内侧的酒水、饮料因长期得不到使用而变质，甚至过期。

加油站

酒瓶标记：

在发料之前，应在酒瓶上做好标记，以记载某一瓶酒发给哪个酒吧间了。

通常，酒瓶标记是一种背面有胶粘剂的标签，是不易擦去的油墨戳记。标记上有不易仿制的标识、代号或符号。经管人员通过检查，可保证酒吧存放的酒品都是本酒吧的，以防止调酒师把自己的酒带入酒吧出售并自留现金收入。

酒瓶标记有三个重要作用：

（1）根据验收日报表或发货票在酒瓶上记录成本，可便于做好领（发）料工作。

（2）在酒瓶上记录发料日期，便于随时了解存放在酒吧的瓶酒的流转情况。

（3）酒吧调酒师用空酒瓶换酒时，酒水管理员应首先检查空瓶上的标记，防止酒吧调酒师自带空瓶到储藏室换取瓶酒。

水原料数量。

单价：酒水原料的进货价格。此栏目由仓库管理员或核算部负责填写。

总金额：每项已领用酒水原料的总金额。此栏目由仓库管理员或核算部负责填写。

酒水领货单一般为一式三联。第一联交财务部进行成本核算，第二联由发货仓库留存记账，第三联由领用酒水酒吧留存记账。

2. 从库房提货

（1）填写好酒水领货单后交由酒水部经理签字确认。

（2）根据酒店库房所规定的领货时间，凭酒水领货单到库房提货。

（3）在领酒水原料时要清点数量及核对名称，以免造成误差。

（4）领货人在领货单上签名后领回酒水。

3. 补充酒水原料

（1）啤酒、矿泉水、汽水应将瓶身擦拭干净后补充入冷柜中。

（2）所有酒水经擦拭酒瓶后方可放入柜中或摆上酒架。

（3）补充酒水原料时应遵循先进先出原则，特别是保质期短的原料更应如此。

（4）在酒水销售盘存表中登记好当日酒水原料领入数，以便营业结束后统计实存数。

二 补充、陈列酒水注意事项

（1）领用及摆放酒水原料时应轻拿轻放，避免造成破漏。

（2）每天必须对冷柜进行清洁，用抹布将冷柜内侧、隔层架擦干净，冷柜底部不能有积水。

（3）瓶装酒除日常外部清洁外，还需定期清洁瓶口。

（4）检查酒水、饮料的保质期。

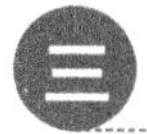

酒吧常用酒水的简易分类

酒吧里通常被称为“酒水”的饮料是指含淀粉或糖分的谷物或水，包括酒精饮料和无酒精饮料两大类。酒是指以含淀粉或糖分的谷物或水果为原料，经过发酵、蒸馏、勾兑等工艺生产出来的含酒精饮料。根据不同的标准，可以把酒吧常用酒水划分为不同的种类。

1. 以生产原料划分

（1）水果类：以各种水果为原料，经过发酵、有些需经过蒸馏或配制的酒，如葡萄酒、白兰地等。

（2）粮食类：以各种谷物为原料，经过发酵、有些需经过蒸馏或配制的酒，如啤酒、米酒、威士忌等。

（3）果杂类：以植物根茎为原料，经过发酵、有些需经过蒸馏或配制的酒，如以甘蔗为原料生产的朗姆酒等。

2. 以酒精浓度高低划分

（1）高度酒：酒精度高于40%（v/v）的酒，如白兰地、威士忌等。

（2）中度酒：酒精度在20%～40%（v/v）的酒，如黄酒及大部分餐后甜酒等。

（3）低度酒：酒精度在20%（v/v）以下的酒，如啤酒、葡萄酒等。

3. 以生产工艺划分

（1）发酵酒（Fermented Wine）：又称为酿造酒、原汁酒，是在含有糖分的液体中加入酵母进行发酵而产生的含酒精饮料。如米酒、啤酒、葡萄酒、黄酒等。

（2）蒸馏酒（Distilled Wine）：又称为烈性酒，是通过对酒精液体加以蒸馏提纯而获得的含有较高度数的酒精饮料。如世界六大著名蒸馏酒、中国白酒等。

（3）配制酒（Compounded Wine）：是酒与酒之间进行勾兑或者酒与药材、香料和植物通过浸泡、蒸馏、混

加油站

对酒水原料进行冷藏的目的：

（1）冷冻酒水原料，达到最佳饮用效果。

（2）抑制细菌繁殖，延长酒水原料保质期。

酒的生产环节：

（1）糖化

（2）发酵

（3）蒸馏

（4）陈化

（5）勾兑

酒的特点：

酒中最主要的成分是酒精，也称乙醇，常温下呈液态，无色透明，易挥发、易燃烧，具有特殊香味和辛辣味，可溶于水。燃点为180℃，沸点为78.3℃，冰点为-114℃。

酒精浓度：

酒度，表示酒液中酒精的含量。国际上用三种方式表示酒度：

（1）标准酒度（Alcohol by Volume）

指在室温20℃的条件下，每100毫升酒液中含有酒精的毫升数。

（2）美制酒度（Proof）

（3）英制酒度（Sikes）

加油站

按物理形态进行酒水分类：

1. 固态饮料

主要包括茶、咖啡、可可以及速溶饮品等。

2. 液态饮料

泛指呈液态的所有饮品，如各种酒类、果蔬汁类等。

按是否含有二氧化碳进行酒水分类：

1. 碳酸类饮料

泛指所有含有二氧化碳气体的软饮料饮品。如可乐、柠檬汽水等。

2. 非碳酸饮料

特指所有不含二氧化碳气体的饮料。

3. 汽酒

泛指所有含二氧化碳气体的酒精饮料。如啤酒、香槟酒、苹果汽酒等。

合的方法生产出来的酒水。如餐前酒、甜食酒、利口酒和鸡尾酒等。

4. 调制鸡尾酒常用的六大基酒

（1）白兰地（Brandy）：主要由葡萄、水果酿造。主产地是法国，著名的有干邑、雅文邑等。这种酒放在橡木桶里，经过长年储藏使其成熟，经过勾兑才能上市。代表品牌有马爹利、轩尼诗、人头马、拿破仑等。

（2）威士忌（Whisky）：主要由谷物类酿造，有大麦、玉米等。产地有苏格兰、爱尔兰、美国、加拿大等。代表品牌有杰克丹尼、占边、芝华士、皇家礼炮、加拿大俱乐部等。

（3）金酒（Gin）：主要由谷物类酿造，加入杜松子、香草等。主要产地是英国、荷兰。代表品牌有哥顿金酒、必发达金酒、添加利金酒等。

（4）朗姆酒（Rum）：主要由甘蔗糖酿造。主要产地是牙买加、古巴等。代表品牌有百加地、摩根船长、美雅士等。

（5）伏特加（Vodka）：主要由小麦和马铃薯酿造。主要生产国为俄罗斯和美国等。代表品牌有绝对伏特加、皇冠伏特加、芬兰伏特加、斯米诺夫等。

（6）特吉拉（Tequila）：主要由龙舌兰酿造，龙舌兰是一种仙人掌类植物。主要生产国为墨西哥。代表品牌有白金武士、懒虫、索查等。

四 酒水陈列

酒水陈列一般应做到美观大方、方便取用、搭配合理、富有吸引力，并且具有一定的专业水准。

1. 酒水陈列工作程序

（1）清洁酒架：先用湿抹布擦拭后用干抹布擦拭酒架，令酒架无尘无水迹。

（2）酒瓶清洁：用湿抹布擦拭酒瓶及瓶口，使瓶体干净、商标无破损。打开瓶盖后，瓶口应干爽、不黏滑、不结晶。

（3）酒瓶摆放：按摆设原则逐一进行，整齐有序。

2. 酒水陈列的原则

（1）分级分类摆放。类别不同的酒水应分开排放，如烈酒类与利口酒等；等级不同、价格悬殊的酒也应分开排放，如路易十三与普通白兰地等。名贵的酒亦可单独陈列一处，以便吸引客人注意，同时尽显其高贵不凡的品质。

（2）名贵酒或不常用的酒摆放在显眼处，较贵且不常用的酒可摆放在酒架高处。

（3）酒瓶与酒瓶之间要有间隙。合适的间隔可方便调酒时取用，同时也可摆放相应的酒杯和装饰物，以增加气氛，满足客人的视觉享受。

（4）所有酒标应正面朝向客人。

（5）酒吧专用酒与陈列酒要分开摆放，酒吧专用酒应放在伸手可及的位置。一些行家曾这样解释："在调酒的时候，要不受周围环境的干扰，并且不要在寻找工具上浪费太多的时间和精力。只有这样，才能完成高质量的工作。"

酒水的陈列方式取决于酒吧具体的工作程序。调酒师要有一定的经验，了解什么

酒吧专用酒：

为了控制成本和制定调酒标准，酒吧通常固定使用某些品牌的酒用于调酒和散卖，称为酒吧专用酒（House Pouring）。专用酒的设置并不是固定的，不同的酒吧会根据实际需要自行设定某些品牌的酒作为酒吧专用酒。酒吧专用酒一般是由一些进价便宜、质量好且比较流行的品牌组成。酒吧专用酒通常由酒吧经理确定。

清洁酒瓶、罐装水果和听装饮料的表面：

罐装水果和听装饮料在运输、摆放过程中容器表面会残留一些灰尘，在使用过程中瓶口或瓶身也会残留部分酒液，应及时擦拭，以保证酒瓶、罐装水果和听装饮料的表面清洁卫生。擦拭时应使用专用消毒湿巾将酒瓶、罐装水果和听装饮料的表面擦拭干净。

酒吧中需配备的酒杯、酒具：

酒杯、酒具为易耗品，破损、破碎会经常发生。为了保证酒具的统一性和完整性，建议在选购酒具时，一套杯具最好多配一到两个（套）备用。当然，高档酒具也应该视具体情况准备一些，以备特殊客人使用。

酒吧常用酒具、酒杯如红酒杯、啤酒杯、威士忌酒杯等，其购置数量应该是酒吧最高接待客人数量的3倍。例如，酒吧有30个客位，各种常用酒杯准备的数量是30×3=90个。

鸡尾酒包罗万象，恰当的鸡尾酒杯能使酒保持最好的饮用温度，散发最好的香味，如马天尼的辣味。不同的鸡尾酒最好搭配合适的鸡尾酒杯。

酒精度较高的，应使用角度尖锐的有脚架的酒杯。

在一定时间内饮用的长饮鸡尾酒，应使用平底长形的酒杯。

不论是附有脚架的鸡尾酒杯，或是平底长形的鸡尾酒杯，都可以有各式各样的变化。

工具最常用。例如，一个8米长的吧台，如有五名调酒师，另有两个后吧，分成五纵列摆放酒瓶，对应调酒师，每一个纵列中的配料是相同的。如下所示：

昂贵的干邑和稀有的君度酒	其他一些烈酒	昂贵的干邑和稀有的君度酒	其他一些烈酒	昂贵的干邑和稀有的君度酒
威士忌	VS VSOP级干邑	威士忌	VS VSOP级干邑	威士忌
伏特加、朗姆酒、金酒、特吉拉	伏特加、朗姆酒、金酒、特吉拉	伏特加、朗姆酒、金酒、特吉拉	伏特加、朗姆酒、金酒、特吉拉	伏特加、朗姆酒、金酒、特吉拉
果汁、甜果汁、利口酒、味美思	果汁、利口酒	果汁、甜果汁、利口酒、味美思	果汁、利口酒	果汁、甜果汁、利口酒、味美思

3．酒槽中酒水的摆放原则

（1）按类别摆放。

（2）酒标正面应朝向调酒师。

（3）瓶口上插入酒嘴，嘴口统一向左。

（4）营业结束后卸下酒嘴，重新拧上瓶盖（酒嘴应每天用水清洗、晾干；每周用苏打水在冰桶中浸泡一夜，将酒嘴内里的酒垢溶解）。

模块6 摆放酒具

【工作任务】

1. 掌握各类酒具摆放的区域与位置。
2. 了解酒吧各类酒具及其用途、用法。
3. 熟悉酒吧吧台区域设置。

【引导问题】

1. 酒吧常用的酒具有哪些？
2. 酒吧区域设置有哪几部分？
3. 如何摆放酒吧用具？

酒吧用具是指调制饮品时所需使用的辅助工具。为方便使用及更有效地提高生产效率，每种用具都应有合适的位置来摆放。

酒吧常用酒具

（1）英式标准摇壶：由壶身、滤冰器和壶盖三部分组成。按容量大小分，有250毫升、350毫升和530毫升等多种规格。

（2）美式波士顿摇壶：操作快捷方便，是花式调酒专用工具。它由两只锥形杯组成，分别是玻璃调酒杯和不锈钢壶身，或由直径不同的两只不锈钢壶身组合而成。

（3）混酒杯：一种阔口、高身的厚玻璃杯，规格容量为16～18盎司，常与锥形不锈钢壶身组成美式波士顿摇壶，或与吧匙、滤冰器组合使用。

（4）量酒器：用来度量酒水分量的工具，有不锈钢和玻璃两种材质，其中，不锈钢量杯上下两头最常见的容量为28毫升和42毫升。

（5）吧匙：一种带有螺旋状手柄的调酒工具，是用于混合酒类的长匙。根据长短，分为大、中、小三种型号。

（6）滤冰器：用于过

英式标准摇壶与美式波士顿摇壶在使用上的异同：

两种摇壶的摇法和使用工具是相同的。

不同的方面包括：

（1）工具名称

英式：标准摇壶

美式：波士顿摇壶

（2）结构

英式：由壶身、滤冰器和壶盖三部分组成

美式：由两只锥形杯组成

（3）使用环境

英式：酒店、西餐厅

美式：专业酒吧

（4）配合使用的工具

英式：量酒器

美式：酒嘴、滤冰器

（5）调酒手法

英式：英式调酒

美式：美式（花式）调酒

为什么不能直接用玻璃杯铲冰：

（1）玻璃杯是易碎品，直接铲冰容易造成碎裂。

（2）碎裂的玻璃块与冰块在外观上极为相似，容易出现意外。

（3）不符合卫生标准。

加油站

酒吧吧台的设计：

吧台是一个酒吧的核心，酒吧中所有设施的使用和服务大都需要围绕吧台来展开。吧台的设置要因地制宜：

1. 视觉突出

吧台是整个酒吧的中心，是酒吧的总标志。客人在刚进入酒吧时，首先要能看到吧台的位置，感觉到吧台的存在。客人能尽快知道他们所享受的饮品及服务是从哪儿发出的。一般来说，吧台应设在显著的位置，如正对入口处等。

2. 方便服务客人

对酒吧中任何一个角落的客人来说，吧台的位置及设计应以能提供快捷的服务和便于服务员服务为准则。

3. 合理布置空间

设计吧台时，要尽量在有限的空间里多容纳客人，又不至于使客人感到拥挤和杂乱无章，同时还要满足目标客人对环境的特殊要求。吧台就样式来说主要有三种基本形式：最为常见的是两端封闭的直线形吧台，另一种是马蹄形或称“U”形吧台，第三种是环形吧台或中空的方形吧台。

调酒器皿的准备：

把调酒工具放在操作台上，将酒杯消毒，擦干后按需摆放在展示柜或操作台上，将其他用具分类摆放在适宜的位置上。

此外，需准备的物品还包括：

1. 新鲜冰块

用冰桶从制冰机中取出冰块放在操作台的冰池中。

2. 调味品

将稀释的果汁、豆蔻粉、盐、糖等常用调味品放在操作台上。

3. 将各类蔬果切成所需形状，用保鲜纸包好后放在冰箱备用。

滤冰块的工具，不锈钢材质，常与美式摇壶或调酒杯组合使用。分有两脚、四脚和无脚三种，适用于16～18盎司的美式摇壶或调酒杯。

（7）挤汁器：专门用来挤压含汁丰富的柠檬、橘子、橙子等水果。

（8）冰铲：由不锈钢或塑料制成，用于从冰槽或冰桶中铲除冰块。

（9）冰夹：常用于夹取冰块或饮品装饰物，一般由不锈钢制成。

（10）冰锥：用于分离冰块。

（11）冰桶：用于盛放冰块或客人饮用白葡萄酒、香槟时做冰镇用，由不锈钢制成，规格型号大小不一。

（12）吧刀：由不锈钢制成，用于切水果及饮品装饰物。

（13）砧板：由塑料制成，与吧刀配合用于切制水果及饮品装饰物。

（14）削皮刀：用于削出线状柠檬皮的专用刀。

（15）压棒：在调酒杯里压榨果汁的专用工具，有木材和塑料两种材质。

（16）吸管：方便客人饮用加冰或大容量饮品的吸管。

（17）搅棒：通常置于装有冰块的柯林斯杯或高杯中，方便客人搅拌杯中饮料。

（18）鸡尾酒签：穿装饰物用。

（19）杯垫：用纸、皮革制成，用于垫杯或瓶装饮品，具有美观、吸水、防滑等作用。

（20）果汁瓶：带有倒嘴的塑料容器，用于装果汁及其他软饮料，有多种容量规格。

（21）挤汁壶：装糖浆、蛋清等原料的塑料容器。

（22）酒嘴：插入酒瓶口上，使倒酒时更容易控制流量，一般由不锈钢或塑料制成，分慢速、中速、快速三种型号。

（23）定量酒嘴：把酒嘴插在酒瓶口上，将酒瓶倒置并安装在酒架上。按酒嘴开关，能快速准确地流出定量酒液。每次流出30毫升是常见的规格。

（24）酒刀：开启葡萄酒的专用工具。

（25）开罐器：开启罐头的专用工具。

（26）瓶盖起子：用于开启汽水瓶、啤酒瓶的瓶盖。

（27）盐边盒：做盐边杯、糖边杯的专用工具，塑料材质，可开合。

（28）饰物盒：用于盛装装饰物的专用工具，塑料材质，能起保险作用。

（29）吸管/餐巾盒：将吸管、搅棒、纸巾等小物品集中在一起的工具，以便拿取。

（30）吧垫：铺在吧台内工作区域的塑料垫。把摇壶、调酒杯及饮品成品等摆放在吧垫上，既能防水又能起到保护吧台（特别是木吧台）的作用。

如何区分柯林斯杯和高杯：

柯林斯杯和高杯都属于平底高杯，外形在同一品牌下几乎一样，可通过杯口的直径、杯身的高度和容量的大小来区分。

一般情况下，容量大、杯身高的是柯林斯杯。在没有参照物（只有一种杯子）的情况下，既可称之为高杯又可称之为柯林斯杯。

酒吧后台（Bar Back）

常指吧台后面的工作区，也指做吧台整理工作的人。主要工作包括以下方面：

（1）及时打扫和整理吧台和吧台后面区域，清洗调酒师未及时清洗的工具，保证调酒师随时能用到干净的工具。

（2）检查酒瓶中酒的余量并及时更换新瓶。

（3）检查酒柜上的酒瓶，保证商标干净和清晰可见。用湿抹布擦拭这些瓶子。

（4）准备调制鸡尾酒的辅料。除了柠檬外，其他水果都不要提前切开。认真清洗这些水果，根据调酒师的要求切开水果。

（5）清洗并检查酒杯，及时处理掉破损的杯子。

（6）按照调酒师的要求工作，以使调酒师能更好地完成任务。

“从最底层做起才能更好地把握机会！”伦敦一位著名调酒师曾深有感触地说。

二 酒具摆放

1. 酒吧工作区设置

（1）前吧台：配有高吧凳，在前吧台的客人可直接向调酒师点饮品。前吧台的高度一般在110～120厘米，台面宽50～75厘米。

（2）工作吧台：工作吧台是调酒师工作的主要地方，位于前吧台后侧下方，台面高度为80厘米。在酒吧中，通常使用卧式冷柜做冷藏柜，冷柜也是工作吧台的组成部分。在工作吧台上，除摆放一些常用杯具外，还可准备饮料和切水果。

（3）后吧台：前吧台正后方是后吧台，主要用于展示酒水、储存酒水和摆放酒杯等物品。英文Bar Back指的是吧台后面的工作区，也指做吧台整理工作的人。在规模较小的酒吧中，调酒师也做酒吧后台的工作。但在一些较大的酒吧，大量的点单不允

加油站

杯具的使用与管理：

1. 搬运

玻璃器皿应轻拿轻放，整箱搬运时应注意外包装上的向上标记，不要倒置。准备摆台时，平底无脚杯和带把的啤酒杯应倒扣在托盘上运送；拿葡萄酒杯时，可用手托送（戴手套），将杯脚插入手指中，平底靠近掌心。注意：在服务过程中，所有酒杯都必须用托盘搬运。

2. 测定耐温性能

对新购进的玻璃器皿可进行一次耐温急变测定。测定时，可抽出几个器皿放置在1℃～5℃的水中约5分钟，取出后，再用沸水冲，以没出现破裂的质量为好。

3. 检查

在摆台前要对全部器皿认真检查，不能有丝毫破损。

4. 清洗

用过的酒杯先用冷水浸泡去除酒味，然后用清洗剂洗涤，冲净后消毒，保持器皿光亮透明。高档酒杯宜手洗。

5. 保管

洗涤过的器皿要分类存放好，不经常使用的玻璃器皿要用软性材料隔开，以免直接接触发生摩擦和碰撞，造成破损。

许调酒师花费太多的时间来做这些工作，因而酒吧后台是单独的岗位。在酒吧后台工作的常常是初级调酒师，可以说，“酒吧后台”是调酒师的入门必经岗位，收入较少且工作比较繁重，但它可以磨炼性格，以更快地成为调酒师。许多著名的调酒师都是从做“酒吧后台”起步的。

2. 调酒用具摆放

应将调酒用具整齐摆放在工作台上，杯垫、吸管、调酒棒和鸡尾酒签也放在工作台前备用。吸管、调酒棒和酒签用杯子盛放。

（1）制冰机：安放于工作吧台区域。

（2）搅拌机：放置于工作吧台上。

（3）蒸馏咖啡炉：放置于前吧台或工作吧台上。

（4）咖啡暖炉：放置于前吧台或工作吧台上。

（5）冰铲：放置于制冰机旁或酒吧冰槽上方。

（6）酒吧清洗水槽：通常为一格或两格。水槽、冰槽位置按实际需要可自行设置。整个槽体安放于工作吧台区域。

（7）烟缸与酒水牌（酒单）：放置于前吧台上。

（8）垃圾桶：安放于工作吧台区域，一般可放置在清洗水槽下方。

（9）吧垫：放置于前吧台或工作吧台上。

（10）榨汁机：放置于工作吧台上。

（11）量酒器：放置于前吧台或工作吧台上。

（12）英式标准摇壶：放置于前吧台或工作吧台上。

（13）酒吧冰槽：清洗槽中的一格或两格是酒吧冰槽。

（14）酒槽：安装在星盘或工作台一侧。

（15）带酒嘴的酒瓶：一般放置在酒槽内，也可置于后吧台上。

（16）碎冰机：放置于工作吧台或星盘上。

（17）吸管/餐巾盒：放置于前吧台上。

（18）果汁瓶：放置在带制冷的工作台槽中或置于冰槽里。

（19）挤汁壶：放置于工作吧台上。

（20）饰物盒：放置于工作吧台上。

（21）雪柜：安放于工作吧台或后吧区域。

（22）奶昔机：放置于工作吧台上。

3. 调酒用具摆放细则

（1）先清洁吧台（前吧、工作吧和后吧），吧台应干净、无尘、无水迹。

（2）在相应位置摆放调酒用具。

（3）放置合理，伸手可及，便于工作。

> **加油站**
>
> **酒吧常用器具的消毒：**
>
> 酒吧常用器具的清洗包括冲洗、浸泡、漂洗和消毒4个步骤。其中，消毒是指将冲洗干净的器皿进行消毒，常用的消毒方法有高温消毒法和化学消毒法。
>
> 凡有条件的地方都要采用高温消毒法，其次才考虑化学消毒法。高温消毒法主要包括以下几种：
>
> （1）煮沸消毒法：是公认的简单又可靠的消毒方法。把器皿放入水中后，将水煮沸并持续2~5分钟，就可以达到消毒的目的。但要注意器皿应全部浸没于水中，消毒时间从水沸腾后开始计算，水沸腾后不能再降温。
>
> （2）蒸汽消毒法：消毒柜（车）上插入蒸汽管，管中的流动蒸汽是过饱和蒸汽，一般温度在90℃左右，消毒时间为10分钟，消毒时要尽量避免消毒柜漏气，器皿堆放要留有一定的空间，以利于蒸汽穿透流通。
>
> （3）远红外线消毒法：该方法属于热消毒，使用远红外线消毒柜，在120～150℃的高温下持续15分钟，基本可以达到消毒的目的。

模块7 擦拭酒杯

【工作任务】

1. 掌握酒杯擦拭的操作方法与注意事项。
2. 理解杯具洗涤的基本步骤。
3. 熟悉酒吧的常用酒杯。

【引导问题】

1. 如何清洁酒杯？
2. 擦拭酒杯时需要注意什么？

一 常用酒杯的类型

（1）鸡尾酒杯：也称马天尼杯，常用规格为4盎司或12盎司，用于盛装鸡尾酒和一些特殊的饮品。使用这种杯子盛装鸡尾酒前必须经过冰杯处理或直接冷冻处理。

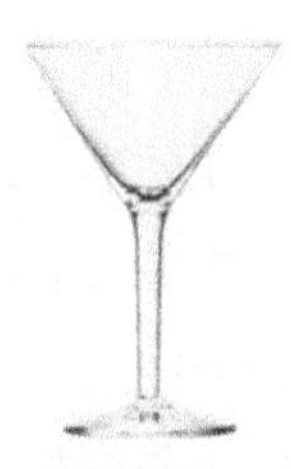

鸡尾酒杯

白葡萄酒杯

红葡萄酒杯

（2）葡萄酒杯：容量规格多样，常用规格为12盎司，用于盛装葡萄酒和一些特殊饮品。

（3）洛克杯：常用规格为6～8盎司，用于盛装烈酒混合冰块、纯烈酒及一些特定的鸡尾酒。

洛克杯

古典杯

柯林斯杯

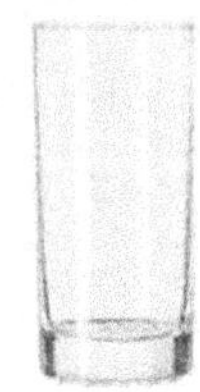

高杯

（4）古典杯：常用规格为8～10盎司，与柯林斯杯属同类型杯具，使用方法相同。

（5）柯林斯杯：常用规格为12～14盎司，用于盛装各种烈酒勾兑软饮料、混合饮料及一些特定的鸡尾酒。

（6）高杯：常用规格为8～10盎司，用于盛装各种汽水、软饮料及一些特定的鸡

杯具的清洗与擦拭：

1. 准备清洗与擦拭杯具的用具

（1）使用专用的、干净的百洁布（至少两块）。

（2）分别在两个清洁桶内注入2/3的热水。

（3）在其中一个清洁桶的热水内加适量的清洁液。

（4）准备好洁净的托盘用于盛装清洗后的杯具。

2. 杯具的清洗与擦拭

（1）将杯具放入有清洁液的热水桶中浸泡。

（2）用百洁布擦拭。

（3）取出后放入另一热水桶中漂洗。

（4）再用另一块百洁布仔细擦拭杯具的内外壁。

（5）擦拭过程中注意手指不能直接接触杯具。

（6）擦拭过程中注意不可用力太大，以免扭碎酒杯。

（7）擦完的杯具应光亮、洁净、无水渍、无破损。

（8）应将擦拭好的杯具倒扣在洁净的托盘内或插放在洁净的杯筐中，注意按种类摆放整齐。

尾酒。柯林斯杯和高杯都属于平底高杯，外形极为相似，可以从容量大小、杯口直径等方面进行区分。

二 清洗回收的酒杯

（1）冲洗：杯具的冲洗分两部分。首先将杯中的剩余酒水饮料、鸡尾酒的装饰物、冰块等倒掉，然后用清水简单冲刷一下，称为预洗。

（2）浸泡清洗：将经过预洗的杯具在放有洗涤剂的水槽中浸泡数分钟，然后用洗洁布分别擦洗杯具的内外侧特别是杯口部分，确保杯口的酒渍、口红等全部洗净。一些像高杯、柯林斯杯等的高身直筒杯，可用洗杯毛刷或自动洗杯毛刷机来清洗杯具内侧和底部。

（3）消毒：洗净的杯具有两种消毒方法：一是化学消毒法，即将清洗过的杯具浸泡在专用消毒剂中消毒；二是电子消毒法，即将杯具放入专门的电子消毒柜进行消毒处理。

（4）擦干：经过洗涤、消毒（电子消毒杯具除外）的杯具必须放在滴水垫上沥干杯上的水，然后用干净的餐巾将杯具内外擦干，倒扣在杯筐或杯具储存处备用。

三 擦拭酒杯操作流程

（1）准备两条清洁干爽的餐巾，一条折叠成长条状，另一条折叠成方块状。

（2）用冰桶或容器装热开水至八成满。

（3）将酒杯口对着热水表面，让水蒸气进入杯内。当杯中充满水蒸气时，用清洁干爽的餐巾擦拭。

（4）左手拿着方形餐巾握着酒杯底部，右手将长条状餐巾塞入杯中双手旋转擦拭，擦至杯中的水蒸气完全干净，杯子透明锃亮为止。在擦酒杯时注意不可太用力，防止扭碎酒杯。

加油站

酒吧制冷设备：

酒吧设备一般分为制冷、清洁及调制三种类型。其种类繁多，用途也各异，但由于其多数为电气及自动化设备，因此使用上相对简单。制冷设备主要有：

（1）冰箱

（2）立式冷藏柜

（3）上霜机

（4）制冰机

（5）生啤机

酒吧清洗设备：

（1）洗涤槽

（2）洗杯机

酒吧调制设备：

（1）电动搅拌机

（2）果汁机

（3）榨汁机

（4）奶昔搅拌机

（5）咖啡器

另外，电器设备还有收款机，现在星级饭店常用POS/ECR终端机代替，使其成为饭店计算机网络的一部分，具有账单记录、销售分析、监督和管理每日销售情况、分派和储存酒水饮料的数量等新功能。管理人员可根据其提供的数据，检查、分析酒吧的经营情况，作出新的营销决策。

（5）擦干净后将杯子置于灯光下照射，检查是否有未擦干净的污迹。

四 酒杯摆放细则

（1）先清洁吧台（前吧、工作吧和后吧），吧台应干净、无尘、无水迹。

（2）在工作吧或后吧的某个区域铺上干净的白台布或滴水垫。

（3）擦拭酒杯并按相应位置摆设酒杯（杯具无水迹、破口、口红印）。

（4）根据预计的客流量和使用频率来确定所需的杯具及数量。

（5）应将酒杯倒扣在干净的白台布或滴水垫上，常用的酒杯应摆在伸手可及处。

（6）酒杯有悬挂和摆放两种。悬挂酒杯主要是装饰酒吧气氛，一般不使用。另外，需冰冻的杯具如啤酒杯、各种鸡尾酒杯可放于冰柜中。

模块8 检查设备

【工作任务】

1. 熟悉酒吧常用设备。
2. 了解常用设备的基本使用及维护保养。
3. 掌握检查设备的基本操作要领。

【引导问题】

1. 酒吧的常用设备有哪些？
2. 开吧工作中如何检查设备？

一 酒吧常用设备

（1）制冰机：不同型号或品牌的制冰机，制成的冰块形状不同，常见的有四方体、圆体、扁圆体和长方条等多种形状。四方实心冰块因不易融化，适合酒吧使用。选择制冰机主要是根据制冰机24小时的制冰量来确定的。

（2）碎冰机：使用搅拌机制作饮品时，一般都要使用碎冰机，用来将冰块碾磨成碎粒状。

（3）搅拌机：一种带刀片高速旋转的电动工具，常用于鲜果饮品的调制。

（4）榨汁机：用于压榨鲜果汁的工具。

（5）奶昔机：一般只用于搅拌奶昔（一种用鲜牛奶加冰激凌混合的饮料），个别用摇和法调制的饮品也可用它取代。

（6）生啤机：从生啤桶中压出生啤酒的制冷系统，由气瓶、制冷设备和酒桶三部分组成。

（7）咖啡暖炉：使成品咖啡保持一定温度的工具。

（8）半自动咖啡机：制作意大利特浓咖啡的专业设备。使用时，因需通过人工磨粉、压粉等环节配合，故为“半自动”。此类机器有多种型号。

（9）咖啡研磨机：研磨咖啡豆的专用工具，能准确研磨出有碎度要求的咖啡粉。

（10）酒吧清洗槽：清洗酒吧工具器皿的设备。

（11）酒槽：用于盛放常用酒水的不锈钢槽，一般置于调酒工作区域下方，方便操作。

（12）冷柜：属于酒吧的制冷设备，分立式与卧式两种。

二 设备设施的检查

为保障酒吧正常运转，营业前要仔细检查空调、音响、灯光照明、冰箱、制冰机、咖啡机等各类电器设备，保证电器设备运转完好、表面清洁。如有损坏和不符合标准的地方，应立即填写工程维修单送工程部维修。

检查所有设备的清洁及运作情况：

（1）检查搅拌设备。

（2）检查洗杯机（包括清洗剂）。

（3）检查冰箱是否正常运作，饮料是否是冷的。

（4）检查扎啤机是否正常工作。

（5）检查收银机及打印机。

（6）检查灯的开关。

（7）检查背景音乐。

第三篇
题库 · 在线练习

第四篇
——调制鸡尾酒

“给我来一份大都会（A Cosmopolitan）！”一位年轻的女士对调酒师说。

调酒师马上开始准备。动作迅速而自信，所用杯子事先冷却到了-18.4°C。调酒师将调制好的酒水过滤到经冷却的杯子里，然后用红玫瑰装饰。“女士，这是您点的鸡尾酒，请品尝。”

【想一想】

如果你是调酒师，怎样才能调制出一杯令客人满意的鸡尾酒？

模块9 调制鸡尾酒

【工作任务】

1. 了解鸡尾酒的发展历史。
2. 掌握鸡尾酒的基本结构、分类。
3. 掌握鸡尾酒的调制原理及方法，并能根据鸡尾酒配方调制出鸡尾酒。

【引导问题】

1. 什么是鸡尾酒？
2. 鸡尾酒由哪些部分构成的？
3. 如何对鸡尾酒命名和分类？
4. 鸡尾酒的调制方法有哪些？
5. 鸡尾酒常用装饰物的制作方法有哪些？

IBA（INTERNATIONAL BARTENDERS ASSOCIATION / 国际调酒师协会）：

IBA是以国家（或地区）为会员国的国际调酒师协会非政治性组织。IBA于1951年诞生于英国，目前共有64个会员国，涵盖欧洲、北美洲、南美洲、亚洲、大洋洲，并有多个国家（或地区）陆续加入。IBA总会所在地随总会长变动而迁移。IBA每年在指定会员国内举办IBA年会、世界杯、亚太杯传统和花式调酒大赛。IBA为业内公认的全球最专业、最权威的调酒师协会。

一 鸡尾酒的概念

鸡尾酒起源于19世纪中期的美国，其英文为“Cocktail”，是指用两种以上的酒类和饮料及果汁、糖、奶、蛋等各种酸、咸、苦、辣的调味品，再加冰块混合调制，在酒液中或酒杯上用各种色彩艳丽的鲜果等装饰，成为色、香、味、形俱佳的混合饮品。

美国《韦氏词典》对鸡尾酒所下的定义：鸡尾酒是一种量少而冰镇的酒品饮料。它是以朗姆酒、威士忌、其他烈酒或葡萄酒为基酒，配以其他材料，如果汁、蛋、苦精、糖等，以搅和法或摇和法调制而成，最后再装饰柠檬片或薄荷叶等。

二 鸡尾酒的基本结构

鸡尾酒的品种有成千上万种，调制方法也各不相同，但无论鸡尾酒配方如何变化，鸡尾酒的基本结构不变，即由基酒、辅料、装饰物三个主要部分构成。

1. 基酒

基酒也称为酒基、主料、酒底等，是构成鸡尾酒的主体。常以烈性酒作为基酒，如金酒、伏特加、威士忌、朗姆酒、白兰地、特吉拉酒等，也有少数鸡尾酒以葡萄酒、配制酒等作为基酒，无酒精鸡尾酒则以软饮料调制而成。鸡尾酒以基酒的不同类型确定酒品风格，由此再分门别类派生出数以千计的各种鸡尾酒配方。

2. 辅料

辅料是在调制鸡尾酒时用于调味、调香、调色材料的总称，主要是开胃酒类、利口酒类、果汁类、碳酸饮料类、糖浆类、牛奶、调味品类、香精类。它可使鸡尾酒形成酸、甜、苦、辣、咸等不同的口味并可与基酒充分混合，降低基酒的酒精浓度，丰富鸡尾酒的香气，增添鸡尾酒的色彩，使鸡尾酒成为色、香、味俱佳的艺术品。

ABC（ASSOCIATION OF BARTENDERS CHINA/中国调酒师协会）：

是以中国国内“中酒协CNLCA”提供国家级协会资质，并全权委派李宝华先生（Mr. Frank Li）为唯一代表、以ABC名义于2006年向IBA提交中国会员国入会申请并于2010年IBA世界年会由全体会员国一致通过，成为IBA正式认可的中国会员国代表。ABC于2011年起，每年在IBA年会与世界杯、亚太杯传统和花式调酒大赛时，得以唯一指定和派遣代表中国的传统和花式调酒选手参与。

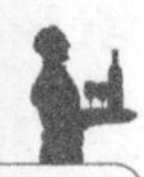

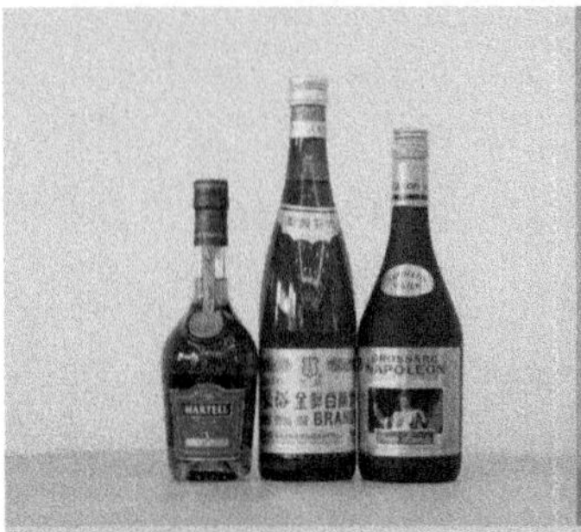
NAPOLEON

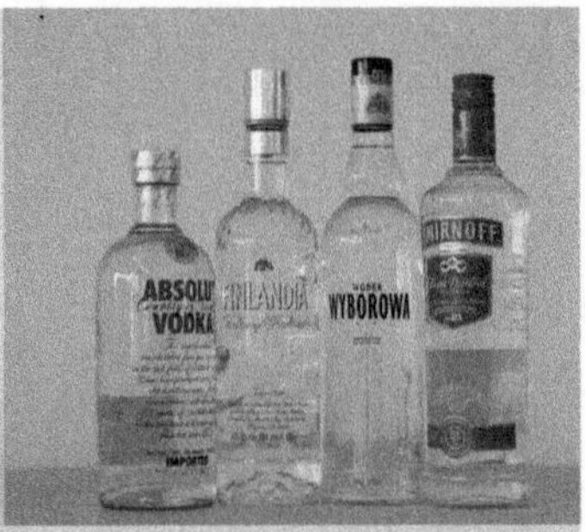
ABSOLUT
VODKA
FINLANDIA
WYBOROWA
SMIRNOFF

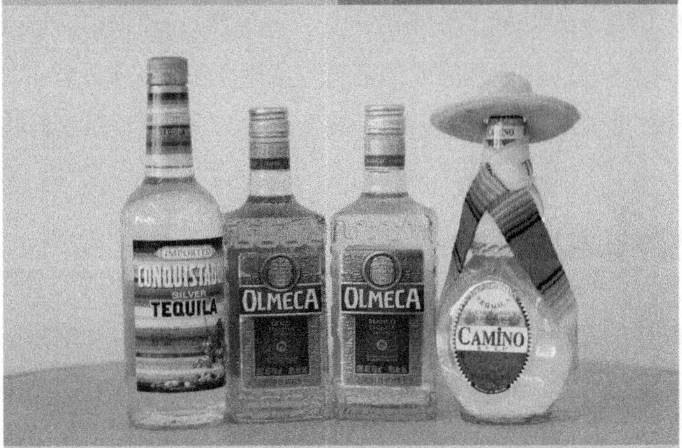
IMPORTED
CONQUISTADO
SILVER
TEQUILA
OLMECA
OLMECA
CAMINO

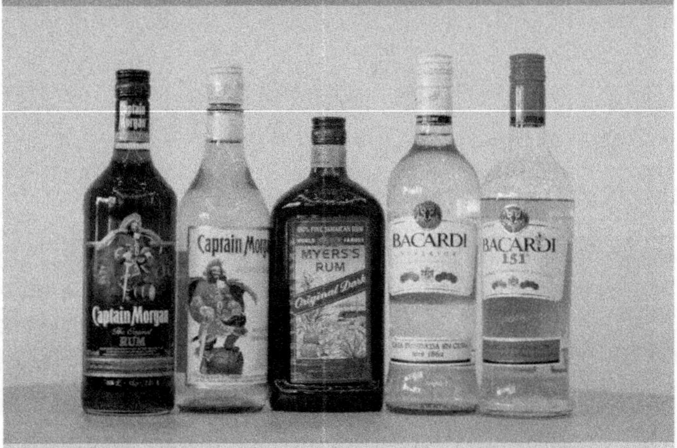
Captain Morgan
RUM
Captain Morg
MYERS'S
RUM
Original Dark
BACARDI
BACARDI
151

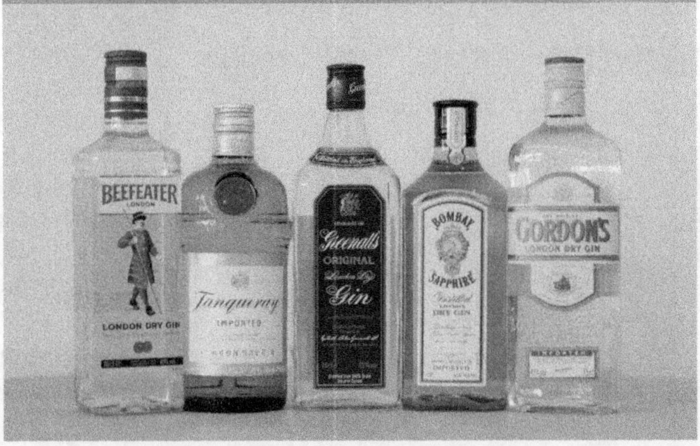
BEEFEATER
LONDON
LONDON DRY GIN
Tanqueray
IMPORTED
Greenall's
ORIGINAL
Gin
BOMBAY
SAPPHIRE
DRY GIN
GORDON'S
LONDON DRY GIN

BOLS
BOLS
BOLS
BOLS
BOLS
Cherry Brandy
ANGOSTURA
GRENADINE SYRUP
BAILEYS
GALLIANO
BOLS
BOLS
ADVOCAAT
MARTINI
MARTINI
MARTINI
MARTINI
MARTINI
BIANCO
ROSSO

3. 装饰物

鸡尾酒的装饰物是鸡尾酒的重要组成部分，对创造酒品的整体风格和整体艺术效果有着重要作用。装饰物的巧妙运用，具有画龙点睛的效果，可以使一杯平淡单调的鸡尾酒立刻鲜活、生动起来，充满生活的情趣。

我们可以根据鸡尾酒的名称、颜色、味道选择装饰物。

（1）樱桃：有红樱桃和绿樱桃两种。

（2）橄榄：包括青橄榄、黑色咸橄榄及酿水橄榄。

（3）水果类：水果类材料是装饰鸡尾酒最常用的原材料，如柠檬、青柠、橙子、阳桃、菠萝、香蕉、苹果等，根据鸡尾酒的装饰要求可以将水果切成片、角、块，或

鸡尾酒的基本装饰规律：

（1）应选择与某款鸡尾所使用的酒品原料相协调的装饰物。即装饰物的味道、香气与酒品原有的味道、香气相吻合，能更好地突出该款鸡尾酒的特色。如在制作一款加入了柠檬汁为主要辅料的鸡尾酒时，可选用柠檬片、柠檬角、柠檬皮等来装饰。

（2）装饰物应能增加鸡尾酒的特色，使酒品特色更加突出。选取何种装饰物主要取决于鸡尾酒配方。这类装饰材料既是装饰物，也是鸡尾酒的主要成分。比如使用肉桂、豆蔻粉等材料进行装饰的鸡尾酒，装饰物本身就是配方中的一部分，会影响鸡尾酒的整体口味及风格。对于新创造的酒种，则应根据饮用对象的口味选取装饰物。

（3）保持传统习惯，搭配固定装饰物。按传统习惯搭配装饰物是约定俗成的，这类情况在传统标准的鸡尾酒配方中最为常见。例如，马天尼一般都以橄榄或柠檬来做装饰，甜曼哈顿通常以樱桃装饰，干曼哈顿则用橄榄装饰等。

（4）色泽搭配，表达情意。色彩本身体现着一定的内涵。鸡尾酒的颜色可以体现调酒师在创作鸡尾酒作品时的情感，选取的装饰物在颜色上也应与鸡尾酒本身的颜色相协调、相辉映。

（5）象征性造型突出鸡尾酒创作的主题。象征性的装饰物更能表达出该款鸡尾酒鲜明的主题和深邃的内涵。如特吉拉日出，在杯口上那枚红樱桃，能让人联想到天边冉冉升起的一轮红日。

（6）装饰物造型与载杯杯形要协调统一。用平底直身杯或高大矮脚杯（如飓风杯）常常少不了吸管和调酒棒这些实用型装饰物，用大型的果片、果皮或复杂的花形与樱桃等小型果实组合式装饰可以表达出一种挺拔秀气的美感。使用古典杯盛载鸡尾酒时，重在体现传统。通常将果皮、果实或一些蔬菜直接投入酒中，有时也加放短吸管或调酒棒等来辅助装饰。当鸡尾酒采用鸡尾酒杯、香槟杯等高脚小型杯时，适合配在杯边装饰樱桃、草莓、柠檬片之类，或用鸡尾签穿起来悬于杯上，或采用挂霜的方法装饰。

（7）注意传统规律，切忌画蛇添足。装饰对鸡尾酒来说是重要的环节，但并不是每杯鸡尾酒都必须配上装饰物，当遇到以下两种情况时，鸡尾酒是不需要装饰的：

①表面有浓乳的酒品。这类酒品除按配方可撒些豆蔻粉之类的调味品外，一般情况下不需要任何装饰，因为那飘若浮云的白色浓乳本身就是最好的装饰。

②色彩艳丽的彩虹酒（分层酒）是在彩虹酒杯中兑入了不同颜色的酒品，使其形成色彩各异的分层鸡尾酒。这种酒不需要装饰是因为那五彩缤纷的酒色已经充分体现了美感。如果再进行装饰就有喧宾夺主的负面效果了。

除了以上所列举的一些基本规律外，在鸡尾酒的装饰过程中，调酒师习惯把那些酒液浑浊的鸡尾酒的装饰物挂在杯边或杯外，而将那些酒液透明的鸡尾酒的装饰物放在杯中。

但要切记，无论是哪个类型的鸡尾酒装饰物，一定要简单、整洁、卫生、适度。

取皮造型。还有一些水果，掏空果肉后作为天然的鸡尾酒酒具，如椰壳等。

（4）蔬果类：一些蔬果也常用于装饰鸡尾酒，常见的材料有：西芹条、新鲜黄瓜条、酸黄瓜、小番茄、珍珠洋葱、红萝卜条等。

（5）花叶类：花草绿叶也是常用的鸡尾酒装饰材料，这类材料的装饰能使鸡尾酒充满自然生机和青春活力。常见的有新鲜薄荷叶、洋兰、玫瑰等。花叶的选择应注重清洁卫生、无毒无害、没有强烈的香味和刺激气味。

（6）挂霜类：某些鸡尾酒的装饰品是将载杯的杯边做成咸的或是甜的霜边。可以用一小块柠檬或橙子擦一下杯口，然后把杯子口向下放入盐或糖粉中。如果用不同颜色的利口酒沾湿杯边再向下放入盐或糖粉中就可以得到不同颜色的霜边。

（7）其他装饰类：鸡尾酒的装饰物也可以包括各类吸管（彩色、加旋形）、搅拌棒、小纸伞、鸡尾酒签等，同时，载杯的形状、图案、花纹等也能对鸡尾酒起到装饰作用。

三 鸡尾酒的命名

鸡尾酒的命名五花八门，千奇百怪。有的根据人名、地名命名；有的根据鸡尾酒的调制原料命名；有的根据鸡尾酒的颜色、口感命名，有的根据鸡尾酒创作典故命名……有的鸡尾酒的命名同时结合了多种因素，而同一结构与成分的鸡尾酒之间，因为部分原料的微调或装饰改动，又可以衍生出多种不同名称的鸡尾酒。

常用的命名方式有以下几种：

（1）根据鸡尾酒的调制原料命名。最典型的例子是金汤力（Gin Tonic），即用金酒加汤力水兑和而成。

（2）根据人名、地名等命名。根据人名命名的典型例子有玛格丽特（Margarita）、血腥玛丽（Bloody Mary）、基尔（Kir）、亚历山大（Alexander）、秀兰·邓波儿（Shirley Temple）；根据地名命名的典型例子有曼哈顿（Manhattan）、新加坡司令（Singapore Sling）、蓝色夏威夷（Blue Hawaii）、自由古巴（Cuba Libre）、长岛冰茶（Long Island Iced Tea）。

（3）根据鸡尾酒的颜色、口感命名。这一类命名

著名鸡尾酒的故事

——血腥玛丽

这款看起来通红通红"血样"的鸡尾酒，有点令人不安，但它却是一款用了足够番茄汁的有益健康的鸡尾酒。盐、黑胡椒粉、辣酱油、辣椒汁等调味料都加进去，就可以代替假日的早餐。

在16世纪中叶，英格兰女王玛丽一世当政，她为了复兴天主教而迫害了一大批新教教徒，人们就把她叫作"血腥玛丽"。

在1920—1930年的美国金酒时代，酒吧创造了这款通红的鸡尾酒，用"血腥玛丽"给它命名。

的典型例子有：青草蜢（Grasshopper）、红粉佳人（Pink Lady）、绿眼（Green Eyes）、彩虹酒（Rainbow）、威士忌酸（Whiskey Sour）、白兰地酸（Brandy Sour）、金酸（Gin Sour）等。

（4）根据鸡尾酒创作典故命名。如：马天尼（Martini）、莫斯科骡（Moscow Mule）、边车（Side Car）、迈泰（Mai Tai）、血腥玛丽（Bloody Mary）、螺丝刀（Screw Driver）等。

四 鸡尾酒的分类

1. 按饮用的时间、地点、场合分类

鸡尾酒按照饮用时间和场合可分为餐前鸡尾酒、餐后鸡尾酒、佐餐鸡尾酒、睡前鸡尾酒、全天候饮用鸡尾酒、派对鸡尾酒、季节鸡尾酒等。

（1）餐前鸡尾酒：餐前鸡尾酒又称餐前开胃鸡尾酒，主要是在餐前饮用，具有生津开胃、增进食欲的作用。此类鸡尾酒通常含糖分较少，口味或酸或甘洌，即使是甜型餐前鸡尾酒，口味也不是十分甜腻。常见的餐前鸡尾酒有马天尼、曼哈顿、基尔、血腥玛丽以及各类酸酒等。

（2）餐后鸡尾酒：餐后鸡尾酒是餐后佐食甜品，帮助消化，口味比较甘甜，且酒中使用较多各式色彩鲜艳的利口酒，尤其是能够清新口气、增进消化的香草类利口酒。这类利口酒中掺入了诸多药材，饮后能化解食物油脂，促进消化。常见的餐后鸡尾酒有B&B、斯汀格、亚历山大、彩虹酒、天使之吻等。

（3）佐餐鸡尾酒：佐餐鸡尾酒在用餐时饮用，此类鸡尾酒口味较辛辣、甘洌，酒品色泽鲜艳，且非常注重酒品与菜肴口味的搭配，有些可以作为西餐中的头盘、汤类等菜肴的替代品。在一些较正规和高雅的餐饮场合，则通常选择以葡萄酒佐餐，而较少用鸡尾酒佐餐。

（4）睡前鸡尾酒：睡前鸡尾酒即所谓安眠酒。一般

著名鸡尾酒的故事——尼格朗尼

人们普遍认为鸡尾酒“尼格朗尼”来自意大利，是1920年意大利佛罗伦萨“Casoni”咖啡店的调酒师Negroni创作并命名的。

“尼格朗尼”的原始做法是选用三种原料调制而成，即金酒、金巴利、甜味美思。其成分是在鸡尾酒“美国佬”的基础上再加入金酒，口味非常特别，但还是有许多怀旧的客人偏爱它，接受它。

目前更多的做法是根据个人的喜好再加入适量苏打水。

认为，睡前酒最好是以白兰地为基酒，调制味道浓重的鸡尾酒或使用鸡蛋的鸡尾酒。

（5）全天候饮用鸡尾酒：全天候饮用鸡尾酒是形式和数量最多的一个类型，多数鸡尾酒属于这一类。此类鸡尾酒酒品风格各具特色，不拘一格，任何时候喝都没关系。

（6）派对鸡尾酒：派对鸡尾酒是在一些派对场合使用的鸡尾酒品，其特点是非常注重酒品的口味和色彩搭配，酒精含量一般较低。派对鸡尾酒既可满足人们交际的需要，又可以烘托各种派对的气氛，很受年轻人的喜爱。常见的酒有特吉拉日出、自由古巴、马颈等。

加油站

著名鸡尾酒的故事

——玛格丽特

1949年，美国举行全国鸡尾酒大赛。来自洛杉矶的调酒师Jean Durasa参赛。这款鸡尾酒正是他的冠军之作。之所以命名为Margarita Cocktail，是纪念他已故的恋人Margarita。

1926年，Jean Durasa去墨西哥，与Margarita相识相恋。然而，一次两人去野外打猎时，玛格丽特中了流弹，最后倒在恋人Jean Durasa的怀中。于是，Jean Durasa就用墨西哥的国酒Tequila为鸡尾酒的基酒，用柠檬汁的酸味代表心中的酸楚，用盐霜寓意怀念的泪水。如今，Margarita在世界酒吧流行的同时，也成为Tequila的代表鸡尾酒。

（7）季节鸡尾酒：季节鸡尾酒主要是指适合在夏日、冬日等季节饮用的鸡尾酒，其中以适合夏日饮用的居多。此类鸡尾酒清凉爽口，具有生津解渴之妙用，尤其是在热带地区或盛夏酷暑时饮用，味美怡神，香醇可口，如长岛冰茶、椰林飘香、琪琪、蓝色夏威夷等。

2. 根据鸡尾酒的酒精含量和鸡尾酒分量分类

按照鸡尾酒的酒精含量和鸡尾酒分量分类，可分为长饮类鸡尾酒和短饮类鸡尾酒两大类。

（1）长饮类鸡尾酒：长饮类（Long Drink）鸡尾酒是用蒸馏酒、配制酒、果汁、汽水等混合调制而成的混合饮料。长饮类鸡尾酒的基酒用量通常较少，

加油站

著名鸡尾酒的故事

——长岛冰茶

美国长岛的冬季是最适合捕鱼的季节，渔夫们常常要冒着严寒的天气在船上工作。他们衣着单薄，为了抵御寒冷，常在捕鱼时不停地喝酒，而且往往将几种不同的烈性酒混在一起喝。

后来，这种勾兑烈性酒的土方法经由当地的调酒师借用并进行了改良，加入柠檬和可乐，使之发生了脱胎换骨的变化。

虽然这种酒由多种烈性酒混合而成，但是色泽与口感都很像柠檬茶，结合这款鸡尾酒的发源地，最终被命名为长岛冰茶（Long Island Iced Tea）。

多为1盎司，而软饮料等辅助材料用量较多，因此形成了长饮类鸡尾酒酒精含量较低、饮品分量较大、口感清爽平和的饮品特点，是一类较为温和的酒品。由于酒精含量在10%以下，可放置较长时间不影响其风味，因而消费者可长时间饮用，故称为长饮。

（2）短饮类鸡尾酒：短饮类（Short Drink）鸡尾酒是一种酒精含量高，分量较少的鸡尾酒。饮用时通常一饮而尽，不必耗费太多的时间，如马天尼、曼哈顿等。短饮类鸡尾酒的基酒分量比例通常在50%以上，高可达70%～80%，酒精含量在30%左右。

3. 根据鸡尾酒的基酒分类

根据调制鸡尾酒使用的基酒品种进行分类也是一种常见的鸡尾酒的分类方法，且分类方法比较简单易记。主要有以下几种：

（1）以金酒为基酒的鸡尾酒，如红粉佳人、金汤力、马天尼、金菲士、阿拉斯加、新加坡司令等。

（2）以威士忌为基酒的鸡尾酒，如曼哈顿、古典鸡尾酒、爱尔兰咖啡、威士忌酸等。

（3）以白兰地为基酒的鸡尾酒，如亚历山大、边车、白兰地蛋诺、白兰地酸酒、B&B等。

（4）以朗姆酒为基酒的鸡尾酒，如自由古巴、百家地鸡尾酒、得其利、迈泰等。

（5）以伏特加为基酒的鸡尾酒，如黑俄罗斯、血腥玛丽、螺丝钻、莫斯科骡、咸狗、琪琪等。

（6）以特吉拉为基酒的鸡尾酒，如特吉拉日出、玛格丽特、斗牛士等。

4. 根据鸡尾酒的配制特点分类

根据鸡尾酒的配制特点分类，是目前世界上最流行的一种分类方法。它是将上千种鸡尾酒按照调制后的成品特色和调制材料的构成等诸多因素对鸡尾酒进行分类。

主要种类如下：

（1）霸克类（Buck）：Buck（霸克）类鸡尾酒属于长饮类鸡尾酒。它的配制方法是用烈酒加姜汁汽水、冰块，采用兑和法调配而成，饰以柠檬，使用海波杯盛载。如金霸克、苏格兰霸克、白兰地霸克等。

（2）柯林斯类（Collins）：Collins（柯林斯）是一种酒精含量较低的长饮类饮料，通常以威士忌、金酒等烈性酒，加柠檬汁、糖浆、苏打水或姜汁汽水调配而成，通常使用高杯盛载。如汤姆·柯林斯、白兰地·柯林斯。

（3）库勒类（Cooler）：Coo1er（库勒）是由威士忌等烈性酒加上柠檬汁或青柠汁，再加上苏打水或姜汁汽水调配而成，以海波杯或高杯盛载。与柯林斯类鸡尾酒同属一类，但通常有一条切成螺旋状的果皮做装饰。如威士忌库勒。

（4）考比勒类（Cobbler）：Cobbler（考比勒）是由烈性酒与糖浆、苏打水或姜汁汽水等调制而成，有时还加入柠檬汁，装在有碎冰的海波杯中。如金考比勒、白兰地考比勒。

（5）黛茜类（Daisy）：Daisy（黛西）类鸡尾酒是以金酒、威士忌、白兰地等烈酒为基酒，加糖浆、柠檬汁等材料摇匀、滤冰倒入盛有碎冰的古典杯或海波杯中，用樱桃和一块圆形的橙子片进行装饰。可加入适量的苏打水，是酒精含量较高的短饮类鸡尾酒。如金黛茜、威士忌黛茜。

（6）酸酒类（Sour）：Sour（酸酒）类鸡尾酒是以威士忌等烈性酒为酒基，加入柠檬汁和糖浆，通常它是在调酒壶中混合并用樱桃进行装饰的短饮类鸡尾酒。酸酒类鸡尾酒中的酸味原料比其他类型的鸡尾酒多一些，口味以酸为特点，如威士忌酸。

（7）司令类（Sling）：Sling（司令）类鸡尾酒是一种长饮类鸡尾酒。采用烈性酒与大量的柠檬汁、糖浆摇匀后，倒入加有冰块的海波杯中，然后加入少量的苏打

加油站

著名鸡尾酒的故事

——迈泰

迈泰（Mai Tai）是来自加勒比海的一款很适合夏季饮用的鸡尾酒。“Mai Tai”是当地的一种语言，意思是：远离这个世界。你只消喝一口，就会深刻体会到这种感觉。

该款鸡尾酒是由白色朗姆酒和柠檬汁、橙汁、菠萝汁等调制而成。这种鸡尾酒即使在热带气候中，也能带来一丝清凉。

这种酒在猫王的电影“Blue Hawa”中被当作道具使用，因此流传于世。

水调制而成，有时也加入一些调味的利口酒，如新加坡司令等。

（8）蛋诺类（Egg Nog）：Egg Nog（蛋诺酒）是一种酒精含量较少的长饮类饮料。通常是用烈性酒加入牛奶、鸡蛋、糖、豆蔻粉等调制而成，是传统的美国圣诞节饮料，使用鸡尾酒杯或海波杯盛载，如白兰地蛋诺。

加油站

著名鸡尾酒的故事

——莫吉托

莫吉托（Mojito）是最有名的朗姆鸡尾酒之一，有着相对低的酒精含量（大约10%）。据说是一种海盗饮品，英国海盗佛朗西斯·德雷克爵士（他被西班牙人称为“龙”）发明了这款饮料。

传统上，莫吉托是一种由五种材料制成的鸡尾酒:淡朗姆酒、糖（传统上是用甘蔗汁）、莱姆（青柠）汁、苏打水和薄荷。最原始的古巴配方是用留兰香或古巴岛上常见的柠檬薄荷。莱姆（青柠）与薄荷的清爽口味是为了与朗姆酒的烈性互补，这使得这款透明无色的酒成为夏日的热门饮料之一。

随着鸡尾酒文化的复兴，以及人们对新鲜材料兴趣的增加，莫吉托在美国获得了普遍欢迎。

（9）茱莉普类（Juleps）：Juleps（茱莉普），俗称薄荷酒，常以烈性酒如白兰地、朗姆等为基酒，加入碎冰、糖浆、薄荷叶（捣烂）等材料，在调酒杯中搅拌而成的鸡尾酒。一般用古典杯或海波杯盛载，装饰一片薄荷叶，如薄荷茱莉普。

（10）菲力浦类（Flip）：Flip（菲力浦）类鸡尾酒，通常以烈性酒或葡萄酒为酒基，加糖浆、鸡蛋等混合而成，采用摇和法调制，以鸡尾酒杯或葡萄酒杯为盛载。如白兰地菲力浦、波特菲力浦等。

（11）菲士类（Fizz）：Fizz（菲士），是一种以烈性酒如金酒为酒基，加入蛋清、糖浆、苏打水等调配而成的长饮类饮料，因最后兑入苏打水时有一种“滋滋”的声音而得名（菲士在英语里的意思就是“滋滋响”）。如金菲士等。

（12）奶油类（Creams）：Creams是奶油类鸡尾酒，它是以烈性酒加一至两种利口酒摇制而成，口味较甜，柔顺可口，餐后饮用效果颇佳，深受女士们的青睐。如青草蜢、白兰地亚历山大等。

（13）得其利类（Daiquiris）：Daiquiris（得其利）属于酸酒类饮料，它主要是以朗姆酒为酒基，加上柠檬汁和糖配制而成的冰镇饮料。调成的酒品非常清新，因放时间久了容易分层，所以应立即饮用。

（14）菲克斯类（Fix）：Fix（菲克斯）类是一种以烈性酒为酒基，加入柠檬汁、糖浆和碎冰块及适量苏打水调制而成的长饮类饮料，常以海波杯或高杯盛载。如金菲克斯、白兰地菲克斯等。

加油站

著名鸡尾酒的故事

——亚历山大

19世纪中叶，为了纪念英国国王爱德华七世与皇后亚历山大的婚礼，人们调制了这种鸡尾酒作为对皇后的献礼。它是一款名副其实的皇家鸡尾酒。

由于酒中加入了咖啡、利口酒和鲜奶油，所以喝起来口感很好，适合女性饮用。

它甜美的味道，象征着爱情的甜美、婚姻的幸福，是向全世界宣告爱的味道，所以非常适合热恋中的情侣共饮。

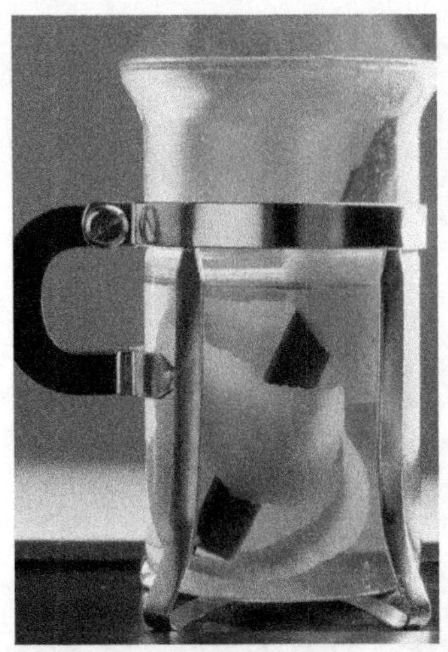

（15）海波类（Highball）：Highball（海波饮料）是一种最为常见的混合饮料，它通常是以烈性酒，如金酒、威士忌、伏特加、朗姆酒等为基酒，兑以苏打水、汤力水或姜汁汽水等制作而成，并以海波杯作为载杯，因而得名。

（16）托地类（Toddy）：Toddy（托地）类鸡尾酒是以烈性酒如白兰地、朗姆酒为基酒，加入糖浆和水（冷水或热水）混合而成。托地有冷、热两个种类。热托地常以豆蔻粉或丁香、柠檬皮作装饰，适宜冬季饮用。冷托地常用果汁代替水来调制。

（17）马天尼类（Martini）：Martini（马天尼）类鸡尾酒是用金酒和味美思等原料调制而成的短饮类鸡尾酒，是当今最流行的传统鸡尾酒。它分甜型、干型和中性三种，其中以干型马天尼最为流行，深受饮酒者喜爱。

（18）曼哈顿类（Manhattan）：Manhattan（曼哈顿）与马天尼同属短饮类鸡尾酒，是由黑麦威士忌加味美思调配而成，尤以甜曼哈顿最为著名。其名来自美国纽约的曼哈顿，其配方经过了多次变化演变至今已趋于简单。甜曼哈顿通常以樱桃装饰，干曼哈顿则用橄榄装饰。

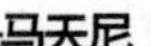

加油站

著名鸡尾酒的故事

——马天尼

马天尼（Martini）被称为“鸡尾酒之王”。马天尼酒的原型是杜松子酒加某种酒，最早以甜味为主，选用甜苦艾酒为辅助材料。随着时代变迁，辛辣的味感逐渐成为主流。1979年，美国出版了《马天尼酒大全》，介绍了268种马天尼酒。

据说，意大利的苦艾葡萄酒制造商马尔蒂尼·埃·罗西公司把使用自己公司生产的酒称为马尔蒂尼鸡尾酒，马天尼酒的名称由此而来。也有人说其发祥地是美国旧金山的酒吧。

让这种酒变得家喻户晓是影片“007”系列男主角詹姆斯·邦德，他称这款酒为“我的马天尼”，从而知名度大增，成为酒吧最受欢迎的鸡尾酒。

加油站

著名鸡尾酒的故事

——曼哈顿

自鸡尾酒诞生之日起，人们就一直喝着这款鸡尾酒，念念不忘它的味道，无论在哪一个酒吧，这款鸡尾酒总是客人的至爱，因而被称为“鸡尾酒王后”，它就是曼哈顿鸡尾酒——Manhattan。

传说Manhattan（曼哈顿鸡尾酒）的产生与美国纽约曼哈顿有关。英国前首相丘吉尔Winston Churchill的母亲Jeany是纽约布鲁克林有1/4印第安血统的美国人，她还是纽约社交圈的知名人物。据说，她在曼哈顿俱乐部为自己支持的总统候选人举行宴会，并发明了这款鸡尾酒来招待客人。

（19）老式酒类（Old Fashioned）：Old Fashioned（老式酒类），又称为古典鸡尾酒，是一种传统的鸡尾酒。调制的原材料包括烈性酒，主要是波旁威士忌、白兰地等，加上糖、苦精、水及各种水果等用兑和法调制而成，选用正宗的老式杯装载酒品，故称为老式鸡尾酒。

（20）宾治类（Punch）：Punch（宾治）类鸡尾酒是较大型的酒会必不可少的饮料。宾治有含酒精的，也有不含酒精的，即使含酒精，其酒精含量也很低。调制的主要材料是烈性酒、葡萄酒和各类果汁。宾治酒变化多端，具有浓、淡、香、甜、冷、热、滋养等特点，适合于各种场合饮用。

（21）漂浮类（Float）：Float（漂浮）类鸡尾酒是根据酒水比重不同的特性调制而成的。比重较小的酒水漂浮在比重较大的酒水上，形成的多种颜色分层的鸡尾酒。如B52、天使之吻、彩虹酒等。

五 鸡尾酒的调制

1. 调制鸡尾酒的基本原理

（1）鸡尾酒是由基酒、辅料和装饰物三个基本部分构成。基酒主要采用烈性酒，以调香、调色、调味等辅助材料调配而成，并用水果、花叶、蔬菜等装饰物进行装饰。

（2）调制鸡尾酒时，冰块是必不可少的材料，绝大部分鸡尾酒在调制时都会用到冰块，在调酒前也可以将杯子放到冰箱里冰镇或调酒前在杯子里装入碎冰冰镇。在调制鸡尾酒时，投料的前后顺序以先冰块、再辅料、后基酒为宜，但采用电动搅拌机调制鸡尾酒时，冰块或碎冰通常是最后才加入的。

（3）从理论上讲，鸡尾酒是一种各种酒品之间相互混合的饮料。但在调制过程中，还是有一定的规律和禁忌的。中性风格的烈性酒可以与绝大多数风格和滋味各异的酒品、饮料相配。风格、滋味相同或近似的酒品比较适宜相互混合调配，但风格、味型突出并相互抵触的酒品，如果香型、药香型，一般不适宜相互混合。

（4）调制鸡尾酒时，如使用的材料中有碳酸类汽水或有气泡的酒品，则不能采用摇和法，应选择兑和法或调和法进行调制。

加油站

酒吧常用计量单位换算：

1Ounce(oz)≈28.41mL≈30mL
1Jigger≈1.5oz≈45mL
1Teaspoon(Tsp) ≈1/8oz≈4mL
1Bar spoon (bsp)≈2mL
1Dash≈1mL

酒水配方中容量的表示方法：

盎司表示法：oz
毫升表示法：mL
分数表示法：以分数与杯具标准容量相乘可得出毫升读数

2. 鸡尾酒调制的步骤与程序

（1）先按鸡尾酒配方的要求将所需的基酒、辅料等找出，整齐地放于工作台放置调酒材料的地方。

（2）根据调制的鸡尾酒，选择并准备好调酒器具、载杯、装饰物等。器具和酒杯要干净、透明光亮，拿酒杯时手只可接

加油站

冰杯的方法：

为达到饮用温度要求，调制鸡尾酒时，常需要事先将载杯进行冰杯（预冷）处理。具体方法有如下几种：

（1）在杯中装满冰块冰杯。

（2）把杯子放入专用冰箱冷冻。

（3）将1～2粒冰块放入杯中，用手指捏着杯脚，轻轻晃动杯子进行冰杯。

调制鸡尾酒的十条准则：

（1）使用质量上乘的原料。

（2）切记水的重要作用，任何时候都不要直接用自来水制冰。

（3）水果或果汁一定要现用现做。

（4）如果一种鸡尾酒中加入了浓度为40%的蒸馏酒，那么它的总量，包括配料，体积不要超过70毫升。

（5）不要将谷物酒和葡萄蒸馏酒混合在一起。

（6）要遵守配方规定的程序，如果可以的话，要在最后加入最贵的原料。

（7）任何时间都不要在调酒壶中混合碳酸饮料，也不要将其倒入高脚杯中。

（8）鸡尾酒在调酒壶中的时间越长温度越低，酒的浓度也随之降低。

（9）如果你用调酒壶或者是高脚杯来混合出几份鸡尾酒，那么不要把高脚杯一下子添得满满的，要逐一倒满，以使每个杯中的分量相同。

（10）承认自己的错误没有什么可耻，失败是成功之母。

制作鸡尾酒小窍门：

（1）如果必须用调酒壶制备泡沫鸡尾酒（在它的成分中加入糖浆），那么最好使用砂糖。

（2）要得到优质的鸡尾酒，必须把冰块中（从用于混合的高脚杯中或调酒壶中）的水滗掉。这是在调酒师比赛中评价制备鸡尾酒技艺的基本准则之一。

（3）为了不使冰融化，调酒的速度要快，一般在1～3分钟内完成。

（4）调制鸡尾酒要使用量酒器，以保持鸡尾酒口味一致。如果量器长期不用，应把它倒置在装满水的容器中。为了防止不同风味的鸡尾酒之间串味，要经常换水。

（5）使用完容器和设备后要马上进行清洗，因为变干后的残留物很难清理干净。

（6）柠檬汁不仅能让鸡尾酒的味道避免过于甜腻，而且能使其独具风味，除此以外，柠檬汁还能促使不同的原料更好地混合。

糖浆的制作：

（Sugar Syrup or Simple Syrup）

糖浆是鸡尾酒的一种重要的组成成分，一般由调酒师自制。

原料：500克砂糖，250克蒸馏水。

方法：将以上原料放入搅拌机充分搅匀后，倒入容器并放入冰箱保鲜。

甜酸汁的制作：

（Sweet&sour Mix）

在一些新式的鸡尾酒中，甜酸汁也是常用的原料。

原料：4oz白糖浆，1/21oz新鲜柠檬汁，1/2oz新鲜青柠檬汁，1/3个鸡蛋白。

方法：将以上原料放入容器中用吧匙充分搅匀后，放入冰箱保鲜。

混合青柠汁的制作：

（Lime Mix）

原料：1份新鲜青柠檬汁，2份柠檬味汽水，1份白糖浆。

制法：把以上原料放入容器中用吧匙充分搅匀后，放进冰箱保鲜。

世界最经典的十大鸡尾酒排名：

TOP1：干马提尼（Dry Martini）
口感干冽。
诞生地：美国的加利福尼亚州

TOP2：血腥玛丽（Bloody Mary）
色泽鲜红，口味既咸又甜，非常独特。
诞生地：巴黎的哈里纽约酒吧

TOP3：新加坡司令（Singapore Sling）
口感酸甜，外加碳酸气体的跳动和果味的酒香，回味无穷。
诞生地：新加坡莱佛士酒店

TOP4：金菲士（Gin Fizz）
口味清爽，口感刺激。
诞生地：美国

TOP5：曼哈顿酒（Manhattan）
口感强烈而直接，被称为"鸡尾酒王后"。
诞生地：美国曼哈顿

TOP6：性感海滩（Sex on the Beach）
口感酸酸甜甜，略带些伏特加的辣味。
诞生地：美国餐饮连锁店"感恩星期五"

TOP7：特吉拉日出（Tequila Sunrise）
混合了多种新鲜果汁，果香味十足。加上龙舌兰酒特有的热烈火辣，使人回味无穷。
诞生地：美国

TOP8：亚历山大酒（Alexander）
口感香甜中略带辛辣，并且有浓郁的可可香味，特别适合女性客人饮用。
诞生地：英国

TOP9：玛格丽特（Margarita）
口感浓郁，带有清新的果香和龙舌兰酒的特殊香味，入口酸酸甜甜，十分清爽。
诞生地：墨西哥

TOP10：吉普森（Gibson）
口味比Dry Martini更为辛辣。
诞生地：美国

触酒杯的下部。

（3）采用正确的配方以及规范的调制方法调制、装饰并提供出品服务。倒酒时要使用量酒器。使用调和法时，搅拌时间不能太长，一般用中速搅拌5～10秒钟即可；使用摇和法时，动作快且有力，摇到调酒壶表面起冰雾即可；使用搅和法时，冰块要新鲜，要用碎冰。需要用水果装饰时，要选用新鲜的水果，不要用手接触冰块、杯边或装饰物。

（4）清理吧台、清洗使用过的调酒器具，将所使用的酒水及调酒器具放回原处。

3. 鸡尾酒调制基础技术的规范和技巧

（1）调制鸡尾酒时倒酒的规范和技巧：

①传瓶：把酒瓶从操作台上取至手中的过程，即为传瓶。传瓶通常是从左手传至右手或直接用右手将酒瓶传递至手掌部位。具体做法是：用左手拿瓶颈部分传至右手上，用右手握住瓶的中间部位，或直接用右手提及瓶颈部分向上提至瓶中间部位。要求动作迅速、稳当、连贯。

②示瓶：将酒从操作台上取出并把酒瓶的商标展示给宾客。用左手托住瓶底，右手扶住瓶颈，以45°～60°角倾斜酒瓶，把商标面向宾客，展示酒水。传瓶到示瓶是一个连续流畅的过程。

③开瓶：右手握住瓶身，左手迅速将瓶盖打开，并用左手拇指和食指夹着瓶盖。开瓶是英式调酒的重要环节。

④量酒：开瓶后立即用左手的食指、

中指及无名指夹起量杯，两臂略微抬起呈环抱状，把量杯置于调酒壶等容器的正前上方，把量杯端拿平稳，然后用右手将酒斟入量杯至标准的分量后收瓶口，随即将量杯中的酒向前倒入摇酒壶等容器中，倒完酒后，放下量酒器，左手旋上瓶盖或塞上瓶塞，最后将酒瓶归回原位。

（2）鸡尾酒调制时吧匙的使用规范和技巧：在调制鸡尾酒时，常用吧匙调和酒水。在使用吧匙时，应该用左手握住调酒杯的下部，用右手的无名指和中指夹住吧匙柄的螺旋部分，用拇指和食指捻住吧匙柄的上端。调和酒水时，右手的拇指和食指不用力，而是用中指的指腹和无名指的指背让吧匙匙背靠在杯边，在调酒杯中按顺时针方向转动。搅动时，巧妙地利用冰块运动的惯性，手指及手腕配合运动，使吧匙连续转动，要做到只听见冰块转动的声音，而无吧匙搅动的声音。

（3）鸡尾酒调制时滤冰器的使用规范和技巧：使用滤冰器从调酒杯倒出调制好的鸡尾酒时，应该将滤冰器小心平稳地扣在调酒杯的杯口上方，调酒杯的注流口向左，滤冰器的柄朝相反的方向，将右手的食指抵住滤冰器的凸起部分，其他四指紧紧握住调酒杯的杯身，左手扶住鸡尾酒载杯的底部，将调制好的鸡尾酒缓缓滤入已准备好的载杯中。

4. 鸡尾酒调制的基本方法

鸡尾酒调制的基本方法共有四种，分别是摇和法、调和法、兑和法、搅和法。调制鸡尾酒时，这四种方法既可单独使用也可组合使用，但一般情况下，调制一种鸡尾酒时，使用的调制方法不超过两种。在四种基础调制方法中，又可以细分出调和

神秘的无酒精鸡尾酒

无酒精鸡尾酒其实并非都是完全没有酒精的，这个概念有着狭义和广义两种解释。广义的无酒精鸡尾酒指的是酒精含量不高于5%甚至3%的混合饮品，其中的酒精可以把它理解为一种调料，为的是调剂和烘托口感。而狭义的无酒精鸡尾酒则是一点酒精都没有，从本质上说，只是托了鸡尾酒的形，叫它们混合果汁也许更恰当。如果滴酒不沾的话，在饮用前，一定要问清楚才好。

秀兰·邓波儿

Shirly Temple

只要看到秀兰·邓波儿那可爱的小卷发，无论谁都会立刻忘记一天的烦恼。将石榴糖浆倒入杯中，再用姜汁汽水注满酒杯，轻轻地调和后再用柠檬片装点一番，就是这杯著名的叫作秀兰·邓波儿的无酒精鸡尾酒。虽然谁也说不清为什么把这个饮料叫这个名字，但那石榴糖浆渲染出的魅惑、性感，是对秀兰·邓波儿最好的纪念，毕竟这些远不及秀兰·邓波儿那段率性的舞更让人记得这个名字。

水果宾治Fruit Punch

说起无酒精鸡尾酒，必须说到水果宾治，它不仅是无酒精鸡尾酒的鼻祖，甚至还是所有鸡尾酒的开端。酸酸甜甜的感觉，橙汁的酸、菠萝汁的微甜，再加上石榴糖浆的着色，一杯层次感很强的宾治类鸡尾酒就这么简单。如果不是非常排斥酒精，可以根据自己的喜好和条件添加微量的酒精饮品，让口味更加丰富。

蓝色天空Blue Sky

清澈的蓝色无比纯粹，让人联想到海浪、天空、阳光组成的美好假期。蓝色也体现了冷静和理性、包容与宽广，让饮品在商务环境中也能增加几分沉稳的气息。更重要的是，不含酒精，不会让人缜密的思路受到丝毫干扰，在雪碧中兑进适量的蓝色糖浆即可，如果不想过于甜腻，加上几片黄瓜，就可以用那份清爽给这款饮品增加一些安静的味道。

滤冰法、连冰调和法、直接兑和法、漂浮法等。

（1）摇和法（Shaking）：摇和法是把酒水及辅料按鸡尾酒配方规定分量倒进加入冰块的调酒壶中进行摇晃混合，摇匀后把酒水过滤冰块或连冰块一并倒入酒杯中。此种方法适合调制配方中含有鸡蛋、糖、果汁、奶油等较难混合的原料时使用。摇和法又分为单手摇和法及双手摇和法两种。使用小号调酒壶时可以采用单手摇和法，使用大号调酒壶时用双手摇和法则更为妥当一些。摇和法的特点是通过快速、剧烈的摇荡，使酒水能够最充分混合，且不会使冰块过多地融化而冲淡酒液。需要注意的是，无论是单手摇和法或者是双手摇和法，在摇和酒水的时候，调酒师一定要保持身体稳定，剧烈摇动的是调酒壶，而不是调酒师的身体，要保持体态美观。当调酒壶的金属表面出现霜状物时，则证明壶内酒水已经充分混合并已经达到均匀冷却的目的。右手持壶，左手将壶盖打开，右手食指下移按压住滤冰器，将酒壶倾斜，把壶内摇和均匀后的酒液通过滤冰器按顺时针方向缓缓旋转滤入载杯之中。

①单手摇：右手食指按住调酒壶壶盖，用大拇指、中指、无名指、小拇指等指腹夹住调酒壶壶身两边自然伸开固定壶身，手心不与壶身接触。摇动调酒壶时，手臂伸直，略向后倾，在身体右侧自然上下摆动，手臂与手腕配合协调，用手腕力量左右摇动调酒壶。要求力量大而均匀、速度快而有节奏、动作连贯而协调。

②双手摇：右手大拇指按住调酒壶壶盖，其余手指指腹自然伸开固定壶身，左手大拇指按住调酒壶的过滤盖处，无名指及小拇指按住壶底，其他手指自然伸开固定壶身，双手手心不与壶身接触。壶头朝向调酒师，壶底朝外并略向上方。摇动调酒壶时，两臂略抬起，呈伸屈动作，手腕呈三角形靠身体的一侧（身体肩部的左上方或右上方）或斜对胸前，手臂与手腕配合协调，做“活塞式”运动。

（2）调和法（Stirring）：调和法是调酒师使用吧匙调匀酒水及原料从而制作鸡尾酒的方法。使用调和法时要注意，吧匙的匙头部分应保持在调酒杯的底部搅动，同时应尽量避免与调酒杯接触，应只有冰块转动的声音。在取出吧匙时，匙背应向上，以防跟带出酒水。调和的时间不宜太长，搅动10～15圈，酒液均匀冷却后停止，以防冰块过分融化影响酒的口味。在操作时，动作不宜太大，以防酒液溅出。按照不同鸡尾酒的出品要求，调和法又细分为两种调和滤冰法、连冰调和法。

①调和滤冰法：按所调制鸡尾酒的配方分量往调酒杯中倒入基酒、辅料及冰块，用吧匙搅拌均匀，再用滤冰器过滤冰块，将酒水斟入准备好的载杯中。使用调和滤冰法调制的鸡尾酒一般选用鸡尾酒杯盛装。

②连冰调和法：直接将基酒、辅料及冰块在酒杯中搅拌调匀出品。搅拌的目的是在最少稀释的情况下，把各种成分迅速冷却混合。使用此种方法时，一般用柯林斯杯或海波杯盛装。

（3）兑和法（Building）：兑和法是将鸡尾酒配方中的酒水原料按分量倒入酒杯中，不需要搅拌（或做轻微的搅拌）即可。分直接兑和法及漂浮法两种。

①直接兑和法：将鸡尾酒配方中的酒水按分量直接倒入杯里不需要搅拌而直接出品，常用于较容易混合的原料，例如烈性酒与软饮料混合等，但偶尔也会出现一些不容

自创鸡尾酒欣赏

海洋The Ocean of Ginkgo Biloba

基酒：2/3oz桂林三花

辅料：2oz百香果汁，2/3oz杏仁利口酒

载杯：异形杯

调法：摇和法，兑和法

装饰：银杏叶

创意说明：

在大家的印象里，海洋的颜色都是梦幻般的蓝色，而这款酒却是黄色，为什么呢？因为它诠释的是桂林是银杏之乡。每到深秋季节，微风轻拂，落叶缤纷，金黄的世界里，延续着童话般的梦想，那便是深秋的海洋秋语。

这款酒的基酒是蕴含着浓厚桂林风味的桂林三花酒，掺入百香果汁调出银杏叶的黄色，最后加入少量的杏仁利口酒使酒平添了几分杏仁的味道。三种原料混合在一起，完美诠释了银杏海洋独一无二的美。

中隐路2号

Grand Bravo Guilin

基酒：2/3oz桂林三花，2/3oz金酒

辅料：2½oz冰桂花酒，2/3oz糖浆，苏打水适量

载杯：水晶笛形香槟杯

调法：摇和法

创意说明：

群山环绕、清幽静谧的中隐路2号，是一座中式古朴与欧式奢华完美结合的五星级饭店。在这里可推窗远眺西峰夕照，漫步近观桃花江畔。

桂林当地特产三花酒与来自英国的干金酒，正是中西结合的体现。冰桂花酒透出的丹桂香气及色泽，正如那金碧辉煌的酒店大堂，送酒入喉那一丝甜蜜将化成对那最美风景的回忆。

易混合的原料，如各类糖浆、利口酒等，出于个别鸡尾酒的设计需要，产生颜色渐变的效果，使饮品的口感更具有层次感，色彩更绚丽。

②漂浮法：根据各种酒水之间的比重差，借助吧匙将酒水缓缓注入酒杯，酒水之间不混合，每一种颜色层次分明。使用漂浮法调酒的关键在于，调酒师必须熟练掌握各种酒水不同的含糖量（比重的大小）。在进行调制时，将吧匙倾斜放入杯中，匙背朝上，匙尖轻微接触酒杯内壁，将酒水轻轻倒在匙背上，使酒水沿匙背顺着酒杯内壁缓缓流入载杯中。调制时必须心平气和，手尽量不要颤动，以免因酒液的流速变化冲击下层酒液，使酒液色层浑浊。

（4）搅拌法（Blending）：搅拌法使用电动搅拌机进行混合酒水，主要在混合鸡尾酒配方中含有水果（如香蕉、草莓、菠萝、杧果、奇异果等）成分或碎冰时使用。这种调酒方法是通过高速马达的快速转动，带动搅拌机的刀片将原料充分搅碎搅拌，达

到混合的目的。此种调制方法用于调制以水果、雪糕等固态原料调味或为达到产生冰沙等效果的饮品，它能极大地提高调制工作的效率和调酒的出品量。

依据鸡尾酒配方要求，将酒水、辅料（用到水果等原料时，应将水果去皮切成丁、片、块等易于搅拌的形状，然后再将原料放入搅拌杯）与碎冰依次放入搅拌杯中。所有原料投放完毕后，将搅拌机的盖子盖好，开动电源混合搅拌（使用电动搅拌机进行调酒时，搅拌的时间不宜过长，一般控制在10秒以内。如果鸡尾酒配方中的材料较难混合，可以用电动方式进行搅拌调和）。等搅拌机马达停止工作，整个搅拌过程结束后，将搅拌杯从搅拌机机座上取下，将搅拌混合好的酒液倒入准备好的载杯中。

六 鸡尾酒常见装饰物的制作方法

不同色彩的水果，可用来装饰不同种类的鸡尾酒，但在忙碌的酒吧营业时段，调酒师经常没有时间来准备装饰物，因而需要提前准备好，但不要准备得太多，用不完的水果装饰物是不能留存过夜的。

1. 橙子、柠檬及青柠檬圆片

（1）先去两头，然后依次切出圆形的片（约0.5厘米厚）。

（2）切成圆片后，用刀口在圆片上横着轻轻划上一刀，使其容易挂于杯边。

2. 柠檬角

（1）先去两头，再切成四等份。

（2）以刀口线为准继续均分。

（3）用刀口在柠檬角中间横着轻轻划上一刀，使其容易挂于杯边。

3. 菠萝块（角）

（1）选择成熟的菠萝，把顶端绿叶切掉。

（2）横放菠萝，将头尾一小截切掉。

（3）依次切成两等份、四等份。

（4）直立或横着菠萝，将菠萝心切掉。

（5）沿平面依次切成三角扇形，在切好的小扇形片上轻轻划上一刀，使其容易插在酒杯上。

（6）若以牙签将樱桃与菠萝穿在一起即成为菠萝旗。

4. 芹菜秆

（1）首先切掉芹菜根部带泥土的部分。

（2）根据载杯的高度，切除长出来的芹菜秆。

（3）粗大的芹菜秆可再切为两段或三段，保留叶子。

（4）将芹菜浸泡于冰水中以免变色、发黄或萎缩。

5. 酒签

（1）牙签穿上红樱桃与橙子圆片即为橙子旗。

（2）红樱桃也可穿上三角形柠檬。

（3）以牙签串上三粒橄榄或两粒珍珠洋葱。

模块10 自创鸡尾酒

【工作任务】

1. 了解鸡尾酒创作的基本要素。

2. 掌握鸡尾酒创作的方法与途径。
3. 能运用饮品创作知识，能独立创作饮品。

【引导问题】

1. 鸡尾酒创作的目的和原则是什么？
2. 鸡尾酒创意是如何形成的？
3. 如果尝试创作一款鸡尾酒，你会如何进行？

一 鸡尾酒创作的目的和原则

调酒师在创作设计鸡尾酒时，通常有两种目的：一种是调酒师自我感情的表达；另一种则是增加酒吧的特色产品，促进消费，给客人带来新鲜感。在创作鸡尾酒时，不能违背鸡尾酒的调制规律，能够体现正面的精神力量，体现调酒师的价值存在，同时，创新的鸡尾酒应该以客人能否接受为最重要的标准，注重味道搭配，制作过程不宜太过复杂，应该便于操作，原料容易获取，成本合理，适宜推广，具有一定的商业价值。

二 鸡尾酒创意

创意是自创鸡尾酒设计的思想内涵和灵魂。酒吧在每一季度或每月都会推出一些新的饮品。而创作新饮品最忌讳的就是随波逐流，抄袭模仿。富有创新精神的优秀调酒师，其思维总能领先于市场，构思出的新品总有独特之处，真正做到人无我有，人有我优。

三 鸡尾酒创作的方法与途径

一杯好的鸡尾酒需要多方面协调、相互作用，有自己鲜明的特点和个性。每个人的创意都具有无限的丰富性和巨大的差异性。在设计新款鸡尾酒时，即便酒的种类再繁多，载杯的款式再翻新，装饰物再层出不穷，但其可用的材料终究是有限的，而一旦将其通过调酒师的设计，在创作的过程中重新分类组合，设计出各式各类的鸡尾酒，鸡尾酒的种类便又是无限的了。因此，在创作鸡尾酒时，主要从材料、成品形态、盛载容器、调制方法等几方面着手。

（1）确定材料：创新鸡尾酒最重要的一点，就是要对所有的酒及材料有一定的了解。每一种酒是什么味道，有什么样的特点，什么酒和材料混合在一起更适合，什么口味和什么口味在一起不好喝，每一种材料的用量是多少，什么颜色和什么颜色在一起能够变化成什么颜色，什么饮料混合在一起会有化学反应（比如牛奶和柠檬汁混合在一起会起化学反应，出现絮状物质，影响观感）……以上这些问题都是调酒师需要了解、在创作鸡尾酒时必须要考虑的。

（2）设定成品形态：成品形态是指饮品形成后的状态，包括液态、固态或冰沙状等。

（3）设定盛载容器：选择鸡尾酒载杯不仅要考虑酒品的分量，还要考虑整体出品效果及与装饰物的搭配。一些时尚鸡尾酒的创新往往就集中体现在饮品的盛载容器上，这使鸡尾酒更具有艺术魅力。

（4）确定调制方法：鸡尾酒的调制方法也是近年来创新鸡尾酒的途径之一。调酒可分为英式传统调酒和美式花式调酒。有的调酒师选取花式调酒中的一些操作手法，将其运用到英式调酒中，以丰富调酒的过程，使鸡尾酒带有更时尚的元素。

【实训练习】

分组创作一款鸡尾酒并完成创作方案。

第四篇
题库 · 在线练习

自创鸡尾酒作品方案

<table>
<tr><td>作品名称</td><td colspan="2">中文</td><td></td><td>英文</td><td></td></tr>
<tr><td>作品简介</td><td colspan="5"></td></tr>
<tr><td>主题选择
（设计思路）</td><td colspan="5"></td></tr>
<tr><td rowspan="7">主题体现
（基本结构设计）</td><td></td><td>材料
名称</td><td>用量
（oz）</td><td colspan="2">选择
理由</td></tr>
<tr><td>1</td><td></td><td></td><td colspan="2"></td></tr>
<tr><td>2</td><td></td><td></td><td colspan="2"></td></tr>
<tr><td>3</td><td></td><td></td><td colspan="2"></td></tr>
<tr><td>4</td><td></td><td></td><td colspan="2"></td></tr>
<tr><td>5</td><td></td><td></td><td colspan="2"></td></tr>
<tr><td>6</td><td></td><td></td><td colspan="2"></td></tr>
<tr><td>载杯及装饰物</td><td colspan="2"></td><td>调制方法</td><td colspan="2"></td></tr>
<tr><td>调制步骤</td><td colspan="5"></td></tr>
</table>

第五篇
——酒水出品服务

晚上10点，郭先生约上两位朋友到酒店酒吧喝酒、看球赛，酒吧里基本没有空位了。正值酒吧新任职员工Frank第一天上班，面对热闹的酒吧，Frank心中仍不免紧张。餐厅经理George也一直在Frank的附近观察和帮助他适应环境、完成工作……

【想一想】

Frank在工作前需要做哪些准备？如果服务中遇见问题一时处理不了，有什么途径可以帮助他？

模块11 啤酒的出品与服务

【工作任务】

郭先生约了两位朋友去看球赛，他和其中一位朋友点的是啤酒。

【引导问题】

1. 常见的啤酒品种有哪些？
2. 如何照顾过量饮酒的客人？

一 啤酒的种类

啤酒是人类最古老的酒精饮料，它是以大麦芽、酒花、水为主要原料，经酵母发酵作用酿制而成的饱含二氧化碳的低酒精度酒。啤酒行业发展较为成熟，行业集中度高，约占整个酒精饮料市场八成左右的份额，是继水和茶之后世界上消耗量排名第三的饮料，在酒精饮料行业占据着十分重要的地位。

啤酒素有“液体维生素”之称。啤酒从原料和酵母代谢中得到丰富的水溶性维生素，含有维生素B10、维生素B2、维生素B6以及其他一些生物素、维生素B12等。

按颜色分，啤酒分为淡色、浓色和黑啤酒三大类。

1. 淡色啤酒

淡色啤酒的色度在5～14EBC单位，如高浓度淡色啤酒，是原麦汁浓度13%（m/m）以上的啤酒；中等浓度淡色啤酒，是原麦汁浓度10%～13%（m/m）的啤酒；低浓度淡色啤酒，是原麦汁浓度10%（m/m）以下的啤酒；干啤酒（高发酵度啤酒），是实际发酵度在72%以上的淡色啤酒；低醇啤酒，是酒精含量2%（m/m）【或2.5%（v/v）】以下的啤酒。

2. 浓色啤酒

浓色啤酒的色度在15～40EBC单位，如高浓度浓色啤酒，是原麦汁浓度13%（m/m）以上的浓色啤酒；低浓度浓色啤酒，是原麦汁浓度13%（m/m）以下的浓色啤酒；浓色干啤酒（高发酵度啤酒），是实际发酵度在72%以上的浓色啤酒。

3. 黑啤酒

黑啤酒色度大于40EBC单位。酒液一般为咖啡色或黑褐色，原麦芽汁浓度12%～20%（m/m），酒精含量在3.5%（m/m）以上，其酒液突出麦芽香味和麦芽焦香味，口味比较醇厚，略带甜味，酒花的苦味不明显。该酒主要选用焦麦芽、黑麦芽为原料，酒花的用量较少，采用长时间的浓糖化工艺而酿成。

4. 精酿啤酒

精酿啤酒是啤酒爱好者口头常用的词汇，原名craft beer，直译过来就是手工啤酒。美国啤酒酿造协会对craft beer的定义是：小型，独立，并有“independent beer”标志授权给合格且有意愿的酒厂使用。

美国酿造者协会对精酿啤酒酿造者的要求是：

（1）产量较小：年产量小于600万桶（95.388万吨），生产的啤酒用于商业交易。

（2）独立自主：非精酿酿造者或公司机构，其所占股份不能超过25%。

（3）工艺传统：酿造的大部分啤酒的风味应该是从传统的原料与发酵工艺中获得。

加油站

啤酒品牌：

1. 科罗娜啤酒（Corona Extra）

世界顶级啤酒，是墨西哥摩洛哥啤酒公司的拳头产品，因其独特的透明瓶包装以及饮用时添加白柠檬片的特别风味，在美国深受时尚青年的青睐，居世界啤酒品牌排行榜之首。

2. 百威啤酒（Budweiser）

百威啤酒诞生于1876年，由阿道普斯·布希创办，由美国安海斯布希公司生产。它采用质量最佳的纯天然材料，以严谨的工艺控制，通过自然发酵，低温储藏而酿成。整个生产流程中不使用任何人造成分、添加剂或防腐剂。在发酵过程中，使用数百年传统的山毛榉木发酵工艺，使啤酒格外清爽。百年发展中一直以醇正的口感、过硬的质量赢得了全世界消费者的青睐，成为世界最畅销、销量最多的啤酒，长久以来被誉为是“啤酒之王”！

3. 贝克啤酒（Beck's）

德国凭借品质优良的啤酒，成为举世公认的啤酒王国。拥有四百年历史的贝克啤酒是德国啤酒的代表，也是全世界最受欢迎的德国啤酒，由德国贝克英特布鲁时代公司生产。在美国（每年大约1亿升）、英国、意大利，贝克啤酒更是进口啤酒的冠军品牌，年出口占德国啤酒出口总量的35% 以上。贝克啤酒起源于16世纪的不来梅古城，其优良的酿造技术，使“Beck's”品牌传播至今。1876年，在纪念美国建国一百年的费城世界博览会上，贝克啤酒获得第一届国际竞赛金牌奖的殊荣，此后百余年来所获奖项不计其数。

4. 喜力啤酒（Heineken）

喜力主要以蛇麻子为原料酿制而成，口感平顺甘醇，不含枯涩刺激味道。1863年，喜力啤酒公司创建于荷兰的阿姆斯特丹，是世界最大的啤酒出口商，为当之无愧的最具国际化的第一啤酒品牌。

5. 嘉士伯啤酒（Carlsberg）

嘉士伯啤酒由丹麦啤酒巨人Carlsberg公司出品。Carlsberg公司是仅次于荷兰喜力啤酒公司的国际性啤酒生产商，1847年创立，至今已有150多年的历史，在40多个国家都有生产基地，产品远销世界140多个国家和地区，风行全球。

6. 生力啤酒（Sanmiguel）

生力啤酒是菲律宾生力酒厂酿造的菲律宾第一大啤酒品牌，该厂为西班牙人于1890年在菲律宾建立的东南亚地区最早的一家啤酒厂。

7. 安贝夫（Ambev）

安贝夫啤酒，来自巴西，年产量55亿升。安贝夫集团于1999年由两家国内领先的公司博浪与南极洲合并而成，为世界十大啤酒厂商之一。

8. 青岛啤酒（Tsingtao）

选用优质大麦、大米、上等啤酒花和软硬适度、洁净甘美的崂山矿泉水为原料酿制而成。原麦汁浓度为12度，酒精含量3.5%～4%。酒液清澈透明、呈淡黄色，泡沫清白、细腻持久。

青岛啤酒厂始建于1903年，是中国历史最悠久的啤酒生产企业。其生产的“青岛啤酒”久负盛名，历经百年而不衰，多次荣获国际金奖，1991年被评为中国十大驰名商标之一，是闻名世界的中国品牌之一。

9. 燕京啤酒（Yanjing）

燕京啤酒是经过多道工序精选优质大麦、燕山山脉地下300米深层无污染矿泉水、纯正优质啤酒花、典型高发酵度酵母配制而成，有100多个品种，为中国驰名商标，人民大会堂国宴特供酒。

10. 哈尔滨啤酒（Harbin）

哈尔滨啤酒始建于1900年，由俄罗斯商人乌卢布列夫斯基创建，是中国历史最悠久的啤酒品牌。经过百年的发展，哈啤集团已经成为国内第五大啤酒酿造企业。

其实，这些要求本质上是在保护小型酒厂。啤酒爱好者们通过该定义及其衍生出来的文化，给了更多小酒厂使用精酿啤酒这一标志的权利，体现了很大的开放性和包容性。

以精酿啤酒领域的排头兵IPA（India Pale Ale的缩写）为例，它以啤酒花的使用为最大特色。其特点是通过大量啤酒花的投放，利用蛇麻烷中的葎草烯以及各类酮类、酚类和酸类等物质来进行保质。虽然阿尔法酸带来了更多的啤酒苦度，但是也大幅度延长了啤酒的保质期。现在，酿酒师们一直在追求对啤酒花运用技术的创新，使啤酒花的香味更足、苦度更加温和，这也对农业育种技术提出了更高的要求。经过高速发展之后，精酿啤酒衍生出了开放包容的多元文化，使消费者和酿造商的关系达到了空前的和谐。

5. 其他啤酒

（1）有些啤酒在原辅材料或生产工艺方面有某些改变，成为独特风味的啤酒。如纯生啤酒，是在生产工艺中不经热处理灭菌，就能达到一定的生物稳定性的啤酒；全麦芽啤酒全部以麦芽为原料（或部分用大麦代替），采用浸出或煮出法糖化酿制；小麦啤酒以小麦芽为主要原料（占总原料40%以上），采用上面发酵法或下面发酵法酿制；浑浊啤酒在成品中存在一定量的活酵母菌，浊度为2.0～5.0EBC浊度单位。

（2）按生产方式，可将啤酒分为鲜啤酒和熟啤酒。鲜啤酒是指啤酒经包装后，不经过低温灭菌（也称巴氏灭菌）而销售的啤酒，这类啤酒一般就地销售，保存时间不宜太长，在低温下一般为一周。熟啤酒，是指啤酒包装后，经过低温灭菌的啤酒，保存时间较长，可达三个月左右。

（3）按啤酒的包装容器，可分为瓶装啤酒、桶装啤酒和罐装啤酒。瓶装啤酒有350毫升和640毫升两种；罐装啤酒有330毫升规格的。

（4）按消费对象可将啤酒分为普通型啤酒、无酒精（或低酒精度）啤酒、无糖或低糖啤酒、酸啤酒等。无酒精或低酒精度啤酒适合司机或不会饮酒的人饮用。无糖或低糖啤酒适合糖尿病患者饮用。

二 啤酒出品与服务

1. 销售

（1）熟练掌握各种啤酒的知识，在客人订饮品时，服务员应主动介绍本店提供的各种啤酒及其特点，问清客人所点啤酒是否需要冰镇。啤酒专家们的研究结果表明，啤酒在10℃时泡沫最丰富、最细腻、最持久，香气浓郁，口感舒适。要保持这个酒温，需要根据环境温度适当调节啤酒温度，如环境温度在25℃时，应将啤酒冰镇到

10℃左右；环境温度在35℃时，应将啤酒冰镇到6℃。

（2）为客人订单并到吧台取啤酒，服务时间不可超过5分钟。

2. 出品

第一，不同形状和杯壁厚度的啤酒杯对应不同的啤酒出品服务

（1）笛形啤酒杯：笛形啤酒杯为高脚型，其造型修长，倒入啤酒后能够激起更丰富的泡沫，充分展现啤酒气泡涌动的特色。高脚设计能够有效避免人们握住杯身时导致啤酒升温过快。该啤酒杯适用于淡色艾尔（Ale）、法柔（Faro）、德式下发酵淡色啤酒、比利时风味水果啤酒等的出品服务。

（2）火焰杯：火焰杯开口大、深度浅、底部宽平、杯壁较厚，下面还有一个细长的杯颈。由于其造型同盛装圣水的杯子相似，故又被称为“圣杯”。有许多圣杯在杯口处镶嵌着一圈金属边，碰杯的时候声音非常好听。用圣杯盛装啤酒很能表现啤酒的泡沫，所以专门用来盛装有两指宽细腻泡沫的啤酒。这种宽口、较浅的杯子有助于酒液内生成更多的气泡以补充泡沫层的厚度，减缓泡沫消失的速度。该啤酒杯适用于比利时修道院风格的双料啤酒（Dubbel）、三料啤酒（Tripel）、四料啤酒（Quadrupel）、烈性淡色艾尔啤酒（Strong Ale）、烈性深色艾尔啤酒（Strong Dark Ale）等。

（3）比尔森杯：比尔森杯又称“蜂腰啤酒杯”。全杯呈锥形，杯身高且细长，分收腰形和直身形两种。传统比尔森杯是收腰形杯，直身比尔森杯属于后起之秀。比尔森杯是专为清淡类啤酒（Light Beer）设计的啤酒杯，容量小于1品脱（1品脱约568毫升）。这种细长的形状有助于呈现啤酒的颜色和气泡的质感，同时又能延长头部泡沫的持续性。比尔森杯适用于以下啤酒类：琥珀色拉格啤酒（Amber Lager）、博克啤酒（Bock）、海尔斯啤酒（Helles）、科尔施啤酒（Kolsch）、淡艾尔啤酒（Pale Ale）、比尔森啤酒（Pilsener）和红色拉格啤酒（Red Lager）等。

（4）品脱杯：品脱杯，顾名思义，就是指能够装1品脱啤酒的杯子。这款杯子并不像一些人说的是调酒用杯，而是一款古老又经典的啤酒杯，属于畅饮形酒杯。历史上自有玻璃杯起，啤酒都是以品脱为单位销售的，因此，一杯啤酒正好是一品脱，品脱杯（Pint Glass）自此出现。品脱杯的形状呈微锥形圆柱式，杯口较宽。杯壁有垂直形和中间微鼓形两类，前者更为常见，后者中间鼓起是为了防止酒杯滑落，因此有人称其为不碎品脱杯。品脱杯适合盛装泡沫丰富的啤酒，如黑艾尔啤酒（Black Ale）、淡艾尔啤酒（Pale Ale）、辣椒啤酒（Chili Beer）、拉格啤酒（Lager）、黑麦啤酒（Rye Beer）、烟熏啤酒（Smoked Beer）和烈性黑啤酒（Stout）等。此类啤酒杯不适用于饮用拥有复杂风味的佳酿类啤酒，如IPA精酿啤酒或小麦啤酒等。

（5）大肚杯：现在广泛使用的小口大肚啤酒杯并非传统球形白兰地杯，而是类似于郁金香的一种小口球形杯。这种啤酒杯的容量较大，杯身形状有助于聚拢啤酒的香气，便于摇晃酒杯让酒体充分融合，利于品鉴。它特别适合于品尝强麦啤酒，常用于盛装浓郁型啤酒或烈性麦芽啤酒。如大麦酒（Barley Wine）、比利时艾尔啤酒（Belgian Ale）、双料或帝国烈性黑啤酒（Dubbel/Imperial Stout）、法兰德斯老棕啤酒（Flanders Oud Bruin）、贵兹啤酒（Gueuze）、帝国IPA啤酒（Imperial IPA）、兰比克啤酒（Lambic）、烈性苏格兰艾尔啤酒（Scotch Ale/Wee Heavy）或三料与四料啤酒（Tripel/Quadrupel）等。

（6）郁金香杯：郁金香杯是一种郁金香花朵形状的玻璃杯，杯壁呈S形曲面，杯口边缘向外弯曲。这种杯形有助于人们吸吮杯子顶部啤酒的泡沫，品味啤酒的香气。它与蓟花型啤酒杯（Thistle Glass）特别相似，只是杯身更细长。此杯适用于美国野麦酒（American Wild Ale）、大麦酒（Barley Wine）、比利时艾尔啤酒（Belgian Ale）、法国啤酒（Biere de Garde），双料啤酒与帝国IPA啤酒（Double/Imperial IPA）、法兰德斯棕啤酒（Flanders）、贵兹啤酒（Gueuze）、老棕啤酒（Oud Bruin）、兰比克啤酒（Lambic）、三料啤酒（Tripel）、四料啤酒（Quadrupel）、夏季啤酒（Saison）和烈性苏格兰艾尔啤酒（Scotch Ale/Wee Heavy）等。

（7）直口杯：非常传统的德国风格直口杯基本上是又细又长，为圆柱体，用来盛装透彻的下发酵啤酒，便于观察啤酒内部气泡的涌动，喝起来也比较畅快。该啤酒杯适用于捷克的比尔森啤酒和德式拉格啤酒，另有一些酒色透彻可以观察气泡上升的酒类也可用此杯盛装，比如比利时的法柔、混酿、水果啤酒，德国的勃克（Bock）烈性啤酒等。

（8）小麦啤酒杯：小麦啤酒杯有多种形状，其特点是底部细小、杯口较大。它的优点是弧形杯壁有利于倒酒，高杯身便于观看酒体颜色。重要的是，其杯口顶部可以聚拢泡沫和香气，能充分体现啤酒的风味。该啤酒杯适用于小麦啤酒或黑麦啤酒，如深色小麦啤酒（Dunkel weizen）、德式小麦啤酒（Hefe weizen）、美国淡色小麦艾尔啤酒（American Pale Wheat Ale）、美国黑麦艾尔啤酒（American Dark Wheat Ale）或小麦博克啤酒（Weizen bock）等。

（9）深色啤酒杯：深色啤酒杯杯型类似于蘑菇云，底部细短，顶部宽大，是非常便于手持的一个设计。底部细短，是为了便于观察黑啤自身的颜色；顶部宽大，是为了留存更多的泡沫。此杯适用于爱尔兰干世涛、波特、德式拉格深色啤酒以及部分双料IPA等。

（10）带柄啤酒杯：带柄啤酒杯又称扎啤杯或马克啤酒杯。这种啤酒杯常见于英

国和德国，造型多种多样，杯身外壁常有蜂窝状或凹凸条状，这是为了呈现啤酒颜色而专门设计的功能性装饰。它的特点是杯壁厚，容量大，有手柄，便于拿取。这些功能还利于维持啤酒的低温状态，可避免拿放酒杯时冷凝水沾到手上带来不便。此杯传统上适合饮用温度较低的生啤酒，如今常用于盛装以下啤酒：美国拉格啤酒（American Lager）、棕色艾尔啤酒（Brown Ale）、双料博克啤酒（Dubbel bock）、英式艾尔啤酒（English Ale）、英式烈性黑啤酒（English Stout）、欧式拉格啤酒（Euro Lager）、窖藏啤酒（Kellerbier）、浅色博克啤酒（Mai Bock）、清啤酒（Mrzen）、啤酒节啤酒（Oktoberfest）或维也纳拉格啤酒（Vienna Lager）等。

第二，不同的饮用方式对应不同的啤酒出品服务

（1）啤酒加柠檬：一支啤酒加一个柠檬角（或柠檬片），如果是半打以上的啤酒，可以用小碟按啤酒的数量跟配柠檬角。流行加柠檬的啤酒有苏尔（SOL）、科罗娜（Corona）等清淡型啤酒。

（2）烈性黑啤加蛋：取一个新鲜鸡蛋打入带柄生啤杯内，跟配一支苏打酒（苏打水）和一瓶（罐）烈性黑啤酒（Stout）。啤酒混合饮用者不少，喝法也因人而异。但是，优质啤酒还是建议不要混合饮用，纯饮才能体现其特有的风味。

（3）德式小麦啤（Hefe weizen或Weissbier）：饮用前需竖立降温保存两三天，以便让瓶中的酵母慢慢沉淀。饮用时将上面的酒液轻轻倒入杯中，注意切勿搅浑底部的酵母。好的酵母麦芽啤酒会立刻产生大量泡沫。也可以在倒完啤酒后再轻轻摇晃酒瓶底部的沉淀酵母，将浑浊的酵母倒入另外一个小杯子中单独品尝。

3. 服务

（1）用托盘托回啤酒及冰冻酒杯，依据女士优先、先宾后主的原则为客人提供啤酒服务。

（2）提供啤酒服务时，服务员站在客人右侧，左侧托托盘，右手将冰冻酒杯放在客人骨碟的右上方，拿起客人所点啤酒，侧转身体将易拉罐打开，在客人右侧将啤酒轻轻倒入杯中。倒酒时应将瓶口抵在一侧杯壁上，让啤酒沿杯壁慢慢滑入杯中，以减少酒沫。如果是瓶装啤酒，需要当着客人的面开启酒瓶，以便客人确认酒品品质。开启瓶啤时不要剧烈晃动瓶子，要用开瓶器轻启瓶盖，并用百洁布擦拭瓶身及瓶口。

（3）倒酒时，要将酒瓶商标朝向客人。

（4）啤酒应斟8分满，啤酒沫不得溢出杯外。

（5）如瓶中啤酒未倒完，应把酒瓶商标面向客人，摆放在酒杯右侧，距酒杯2

厘米。

4. 添加酒水

（1）随时为客人添加。

（2）当客人瓶中啤酒只剩1/3时，应主动询问客人是否需再添加一瓶啤酒。

（3）及时将倒空的啤酒撤下台面。

5. 啤酒服务注意事项

（1）在开瓶前尽量避免摇晃，以防开瓶时产生过多泡沫，导致大量气体与酒液溢出。

（2）瓶装或罐装啤酒一定要拿到客人面前，客人确认后方能开瓶。

（3）饮用啤酒的杯子要干净卫生，出品前检查杯口是否有破裂，以防划伤客人。

（4）向啤酒中加柠檬时必须使用夹子，切勿直接用手。

（5）斟酒时应掌握斟酒技巧，动作要轻，以免产生大量泡沫。

（6）斟完酒时要及时将空瓶收走。

（7）掌握专业术语：1打=12瓶/罐，半打=6瓶/罐，1套杯=1个空杯+1个加满冰块的杯子。

（8）住店的醉酒客人如果只是意识不太清楚，但情绪状态比较稳定，而且行动能力较为良好，服务员应马上为客人送上一条一次性热毛巾。如果醉酒客人有同行者，最好也给同行者一条一次性热毛巾。重度醉酒的客人如果意识已经不清了，并丧失了一定的行动能力，这时，服务员应寻求其同行者的协助，也可联系酒店保安协助，不要独自处理。多人一起将醉酒客人送进客房。在离开客房时，一定要交代同行者注意醉酒客人状态，注意保持醉酒客人呼吸通畅。

【实训练习】

1. 请根据客人点单，为客人提供听装啤酒的现场服务。
2. 请根据客人点单，为客人提供瓶装啤酒的现场服务。

模块12 烈性酒的出品与服务

【工作任务】

Jack在大堂吧工作中发现，最近晚上常来就座的一位客人总是喜欢带着一本书，点一瓶威士忌小酌1杯后便离去。有时候，客人会约朋友一起来，有时一瓶酒会留到第二天再饮。

【引导问题】

1. 为酒店常客提供服务时需要注意哪些问题？
2. 如果客人需要保留未喝完的烈性酒，怎样处理比较妥当？

一 烈酒的种类

烈酒（spirits），就是高浓度的烈性酒，也叫蒸馏酒。由于烈酒在蒸馏过程中提取的成分不同，所以又分为头曲、二曲或二锅头等。通常经发酵酿造的酒类含乙醇浓度不高，酒精经蒸汽逸出，再经冷凝可得到80%～90%以上浓度的乙醇溶液，经勾兑可制造出高浓度的烈性酒。

烈酒通常分为白兰地（Brandy）、威士忌（Whisky）、金酒（Gin）、伏特加（Vodka）、特吉拉酒（Tequila）、朗姆酒（Rum）和中国白酒（Spirit）。

（1）白兰地：白兰地是一种蒸馏酒，以水果为原料，经过发酵、蒸馏、储藏后酿造而成。以葡萄为原料的蒸馏酒叫葡萄白兰地，常讲的白兰地，都是指葡萄

加油站

白兰地品牌：

1. 马爹利（Martell）

马爹利酿酒公司创建于1715年，至今已有300年的历史。它拥有十多处葡萄园以及多家蒸馏酒厂和协约蒸馏酒厂。

马爹利的口味清淡，稍带点辣味，且入口葡萄香味绵延长留，入口难忘。拥有自己的等级系列。

2. 轩尼诗（Hennesy）

轩尼诗公司是专门调配勾兑优质格涅克的公司。其特点是将成熟的白兰地装入新制的利摩赞橡木桶，充分吸收新桶木材的味道，然后再装入旧桶陈酿。

3. 人头马（Remy Martin）

人头马公司创建于1724年，其规模仅次于马爹利公司。

该公司一般用7年以上的原酒来调配酒品，然后将其装在白色橡木桶内储存1年，等产生碳磷酸的香味后，再每年调配一次，放入旧木桶中陈酿不同的年份数再装瓶。

白兰地。以其他水果原料酿成白兰地，应加上水果的名称，如苹果白兰地、樱桃白兰地等。

（2）威士忌：威士忌是所有以谷物为原料所制造出来的蒸馏酒之通称。威士忌酒的分类方法很多，依照所使用的原料不同，威士忌酒可分为纯麦威士忌酒和谷物威士忌酒以及黑麦威士忌等；按照在橡木桶的储存时间长短，可分为数年到数十年等不同年限的品种；根据酒精度，威士忌酒可分为40%～60%（v/v）等不同酒精度的威士忌酒。最著名也最具代表性的威士忌分类方法是依照生产地和国家的不同，分为苏格兰威士忌酒、爱尔兰威士忌酒、美国威士忌酒和加拿大威士忌酒四大类，其中尤以苏格兰威士忌酒最为著名。苏格兰威士忌与独产于中国的贵州省遵义市仁怀市茅台镇的茅台酒以及法国科涅克白兰地齐名为三大蒸馏名酒。

（3）金酒：金酒（GIN）是在1660年，由荷兰的拉莱顿大学（University of Leyden）名叫西尔维斯（Doctor Sylvius）的教授制造成功的。最初制造这种酒是为了帮助在东印度活动的荷兰商人、海员和移民预防热带疟疾病，作为利尿、清热的药剂使用，不久人们发现，这种利尿剂香气和谐、口味协调、醇和温雅、酒体洁净，具有净、爽的自然风格，很快就被人

加油站

威士忌品牌：

1. 格兰威特（Glenlivet）

格兰威特创立于1824年，位于斯贝赛（Speyside）产区的莫雷（Moray），是当时苏格兰第一代具有合法牌照的酿酒厂之一。格兰威特威士忌口感平衡，醇美柔和，浑然天成，是斯贝赛产区单一纯麦威士忌的典型代表，在其包装和广告中，格兰威特也自豪地宣称自己为“单一纯麦威士忌的起源”。

2. 约翰·詹姆森（John Jameson）

创立于1780年爱尔兰都柏林，是爱尔兰威士忌酒的代表。其标准品John Jameson 口感平润并带有清爽的风味，是世界各地的酒吧常备酒品之一。“Jameson 1780 12年”威士忌酒口感十足，甘醇芬芳，是极受人们欢迎的爱尔兰威士忌名酒。

3. 杰克丹尼（Jack Daniel）

世界是最著名的威士忌之一。酒厂位于美国田纳西州仅有几百户人家的林奇堡（Lynchburg, TN），是美国第一间注册的蒸馏酒厂，也是美国历史上有记载以来最古老的酿酒厂。这间古老的酒厂如今已成为美国著名的历史旅游胜地，每年都会有来自世界各地的威士忌迷聚集在此。它于1866年获得营业许可，所酿造的陈年田纳西香醇威士忌始终遵照其创始人的座右铭：“滴滴精酿，始终如一。”

4. 皇冠威士忌（Crown Royal）

皇冠威士忌是纪念英皇佐治六世（King George VI）及玛丽皇后（Queen Mary）于1929年访问加拿大而配制的皇冠威士忌，是目前世界上最畅销的优质加拿大威士忌。其瓶身也以英国皇室的紫金配色，用丝绒礼盒包装。

金酒品牌：

1. 植物学家金酒（The Botanist）

产自苏格兰，它是将经过直接蒸馏的9种植物精油加入酒精蒸汽中，蒸汽再穿过一个装有22种植物香料的篮子，最后得到的酒精溶液就包含了31种植物的气息。植物学家金酒拥有无与伦比的独特芳香，是全球为数不多采用天然香料、不添加人工香料的金酒之一。

2. 添加利金酒（Tanqueray）

产自英国，是一种干型伦敦金酒。这种金酒通过二次蒸馏获得，在第二次蒸馏时加入植物香料。添加利金酒最早于1830年在英格兰生产，“二战”后酒厂搬到苏格兰。添加利金酒的创始人是查理斯·添加利（Charles Tanqueray），他通过多次试验，采用不同的蒸馏方法和植物香料，最终摸索出一种使用简单的4种植物作为基础香料的酿酒方法，这种方法至今得以保留和传承。

3. 哥顿金酒（Gordon's）

哥顿金酒的历史比较悠久，它在1769年于英国伦敦首次出品。如今，这种金酒在美国、英国和希腊都非常出名。从它诞生开始，它的酿造秘诀就没有改变过，如今，它所使用的植物香料和蒸馏工艺与它面世之初一模一样。哥顿金酒通过三重蒸馏而得到，使用了3种植物香料、杜松子及一种神秘香料，这种神秘香料在全世界只有12个人知晓。在詹姆斯·邦德（James Bond）主演的“007系列”电影中，他最喜欢喝的Vesper鸡尾酒就是用哥顿金酒作为基酒调配而成的。

们作为正式的酒精饮料饮用。金酒具有芳芬诱人的香气，无色透明，味道清新爽口，可单独饮用，也可用于调配鸡尾酒，并且是调配鸡尾酒中唯一不可缺少的酒种。西尔维斯首创的以大麦、黑麦、谷物为原料，经粉碎、糖化、发酵、蒸馏、调配而成的方法，是传统法。选择优质酒精处理后，加入经处理的水稀释到要求的度数，再加入金酒香料配制而成的方法，叫合成法。

（4）伏特加：伏特加（俄语 Водка），是一种经蒸馏处理的酒精饮料。它是由水和经蒸馏净化的乙醇所合成的透明液体，通常会经多重蒸馏从而达到更醇更美味的效果。在蒸馏过程中除水和乙醇外，亦会加入马铃薯、菜糖浆及黑麦或小麦，如果是制作有味道的伏特加，会加入适量的调味料。

（5）朗姆酒：朗姆酒是以甘蔗糖蜜为原料生产的一种蒸馏酒，也称为糖酒、兰姆酒、蓝姆酒，原产地在古巴。口感甜润、芬芳馥郁。朗姆酒是用甘蔗压出来的糖汁，经过发酵、蒸馏而成。根据不同的原料和酿制方法，朗姆酒可分为朗姆白酒、朗姆老酒、淡朗姆酒、朗姆常酒、强香朗姆酒等，酒精含量38%～50%，酒液有琥珀色、棕色，也有无色。

加油站

伏特加品牌：

1. 绝对伏特加（Absolute）

全球销量最大的高档烈酒品牌之一，也是世界排名第一的高档伏特加品牌。产自瑞典南部小镇的优质冬小麦和纯净深泉水，它赋予了绝对伏特加平实的谷物特征。每年大约有80000吨的冬小麦被用于绝对伏特加的生产。由于使用100%天然成分制成，每款产品都忠实地反映了原料的风味。革命性的连续蒸馏技术赋予绝对伏特加纯正品质和丰厚醇和的口感，非常适合作为创意调酒的基酒。

2. 斯米诺夫伏特加（Smirnoff）

世界销量第一的Smirnoff（斯米诺伏特加）是饮用者较多的伏特加之一，是最纯的烈酒之一，在全球170多个国家销售，堪称全球第一伏特加，占烈酒销量的第二位，每天有46万瓶斯米诺伏特加售出，深受各地酒吧调酒师的欢迎。

加油站

朗姆酒品牌：

1. 百加地（Bacardi）

百加地朗姆酒品牌创建于1862年，为全球最大的家族经营式烈酒公司，其产品遍布170多个国家。其瓶身上有一个非常引人注目的蝙蝠图案，在古巴文化中是好运和财富的象征。百加地旗下有多种风格的朗姆酒，可以满足众多消费者的不同需求，其中包括被称为“全球经典白朗姆酒”的百加地白朗姆酒，被誉为“全球最高档陈年深色朗姆酒”的百加地八年朗姆酒，还有全球最为时尚的加味朗姆酒——百加地柠檬朗姆酒。

2. 摩根船长（Captain Morgan）

1944年，施格兰公司（Seagram Company）首次发布了名为“摩根船长”的朗姆酒，该酒得名于17世纪一位著名的加勒比海盗——亨利·摩根。2001年，帝亚吉欧集团（Seagram Company）将摩根船长朗姆酒收到自己麾下。从2011年开始，摩根船长朗姆酒推出了一个新的口号：“向美好的生活、美妙的爱情和激越的奋斗致敬！”（“To Life, Love and Loot.”）

（6）特吉拉酒：特吉拉酒，又称龙舌兰酒，以龙舌兰（agave）为原料。它采用生长12年的龙舌兰，成熟后割下送至酒厂，割成两半后泡洗24小时，然后榨出汁来，汁水加糖送入发酵柜中发酵两天至两天半，然后经两次蒸馏，酒精纯度达104～106proof，此时的酒香气突出，口味凶烈。然后将发酵过的酒放入橡木桶陈酿，陈酿时间不同，颜色和口味差异很大，白色者未经陈酿，银白色者储存期最多3年，金黄色酒储存期至少2～4年，特级特吉拉需要更长的储存期，装瓶时酒精纯度要稀释至80～100proof。

（7）中国白酒：白酒为中国特有的一种蒸馏酒，又称烧酒、老白干、烧刀子等，它的标准定义是：以粮谷为主要原料，以大曲、小曲或麸曲及酒母等为糖化发酵剂，经蒸煮、糖化、发酵、蒸馏而制成的蒸馏酒。它由淀粉或糖质原料制成酒醅或发酵醪经蒸馏而得。

白酒酒质无色（或微黄）透明，气味芳香纯正，入口绵甜爽净，酒精含量较高，经储存老熟

加油站

中国白酒品牌：

中国白酒有四大名酒，它们是在1952年第一次全国评酒会上评选出的四个国家级名酒，分别为贵州茅台酒、山西汾酒、四川泸州曲酒、陕西西凤酒。四大名酒的地位与社会影响力持久不衰，在某种程度上可以说得益于其深厚的历史渊源与当年国家领导人的亲切关怀。

1. 茅台酒

茅台酒素以酱香突出、酒体醇厚、清亮透明、回味悠长、纯正舒适、口感协调丰满、香而不艳、空杯留香、饮后不上头等特点而名闻天下，被称为中国的“国酒”。它以优质高粱为料，上等小麦制曲，每年重阳之际投料，利用茅台镇特有的气候、优良的水质和适宜的土壤，采用与众不同的高温制曲、堆积、蒸馏、轻水分入池等工艺，再经过两次投料、九次蒸馏、八次发酵、七次取酒、长期陈酿而成。酒精度多在52%~54%（v/v）之间，是中国酱香型白酒的典范。茅台酒是世界三大著名蒸馏酒之一，在国内外享有盛名。

2. 汾酒

汾酒，汉族传统名酒，属于清香型白酒的典型代表。因产于山西省汾阳市杏花村，又称“杏花村酒”。其工艺精湛，素以入口绵、落口甜、饮后余香、回味悠长而著称，在国内外消费者中享有较高的知名度、美誉度和忠诚度。

3. 泸州老窖

中国最古老的四大名酒之一，为“浓香鼻祖，酒中泰斗”。“窖龄老、酒才好”，历代酿酒大师，就像保护自己的孩子一样养护着泸州老窖窖池。窖池持续酿酒时间越长，窖泥中繁衍的有益微生物越多，产生的香味物质就越丰富，酒体风格越明显。

4. 西凤酒

西凤酒，古称秦酒、柳林酒，是产于凤酒之乡的陕西省宝鸡市凤翔县柳林镇的汉族传统名酒，为中国四大名酒之一。其酿酒史始于殷商，盛于唐宋，已有三千多年的历史，有苏轼咏酒等诸多典故。西凤酒清而不淡，浓而不艳，集清香、浓香于一体，被酒界权威誉为“酸、甜、苦、辣、香五味俱全而各不出头”。

后具有以酯类为主体的复合香味。

中国的白酒按香型分为：酱香型、清香型、浓香型、老白干香型、米香型、凤香型、兼香型、董香型、其他香型。在我国长江上游和赤水河流域的贵州仁怀、四川宜宾、四川泸州三角地带有着全球规模最大、质量最优的蒸馏酒产地。

 烈酒的出品与服务

烈酒除了作为鸡尾酒的基酒使用之外，也可作为单饮类的酒品提供给客人，在销售时用量一般不大，通常以单杯的形式进行售卖，这对酒水损耗控制要求比较高。

首先必须确定每瓶酒的销售份额，然后统计出某一段时间的总销售数，折合成整瓶数进行计算。每一瓶酒由于容量不同，所能销售的份数也不一样。此外，每一家酒店零售酒水的标准分量也有区别。

1. 准备酒杯

白兰地杯，为杯口小、腹部宽大的矮脚酒杯。这种造型能比较好地留存白兰地的酒香。白兰地杯实际容量虽然很大（240～300毫升），但提供服务时倒入的酒量不宜过多（30毫升左右），以杯子横放、酒在杯腹中不溢出为宜。

古典杯是英国人饮用威士忌酒时用的杯子，所以有人形象地称古典杯为威士忌杯。这种杯子杯身直阔，方便加入冰块，又称岩石杯（Rock Glass）、老式酒杯（Old Fashioned Glass）、不倒翁杯（Tumbler glass），大部分烈酒纯饮时适合选用古典杯。

洋酒的一口干叫做一个shot，用来这么喝的杯子就叫shot glass（也有叫shooter glass）。shot是一种50毫升的小杯，一般都是一口一杯，通常用来盛放特吉拉和威士忌等烈酒。盛放特吉拉的shot glass比普通shot glass更细长一些，最多两个盎司的容量。

中国酒器以形象优美、装饰众多而著称。古代酒器以瓷器、青铜器和漆器闻名。现代通常选用高脚款玻璃白酒杯，这种杯子能够收拢白酒香气，杯子材料好，便于透光，方便品鉴时观察酒色，能够让品饮者更容易判断白酒的“色、香、味、格”四大指标。

2. 了解服务标准

烈酒常见的销售方式是单杯销售，因为酒品类型不同、饮用习惯不同以及酒店管理要求不同，对一个标准杯的量化标准也有差异。

“一标准杯”是一个比较抽象的概念，与杯子的容量大小完全没有关系。它是指一杯含有特定分量的酒精的饮料，这些饮料包括啤酒、葡萄酒和烈酒等。

不同国家对“一标准杯”的定义有所不同。在英国，一标准杯是指一杯含有10毫升（7.9克）酒精的饮料；在澳大利亚，一标准杯是指一杯含有12.7毫升（10克）酒精的饮料；在日本，一标准杯是指一杯含有25毫升（19.75克）酒精的饮料；在美国，一标准杯是指一杯含有0.6盎司（18毫升）酒精的饮料（这里的“盎司”是指美制液体盎司，1美制液体盎司约等于30毫升）。对于不同的饮料，由于酒精度不同，所以“一标准杯”所指的分量也就有所不同。

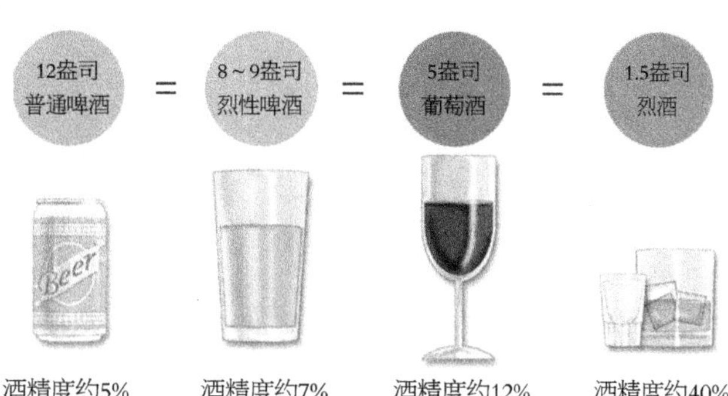

下面以美国为例，说明对不同的酒精饮料而言，“一标准杯”到底是指多少量的酒：

对于酒精度为5%（ABV）的普通啤酒，一标准杯是指12盎司；对于酒精度为7%（ABV）的烈性啤酒，一标准杯是指8～9盎司；对于酒精度为12%（ABV）的葡萄酒，一标准杯是指5盎司；对于酒精度为40%（ABV）的烈酒（威士忌、金酒、朗姆酒、伏特加、特吉拉酒、白兰地等），一标准杯是指1.5盎司。

3. 其他服务工具的准备

根据点单，准备好托盘、酒刀、干净的餐巾等用品。

4. 酒水出品

按一杯的标准量将酒水斟倒好。出品时要注意客人到来的先后顺序，先为早到的客人出品酒水。同来的客人要为女士、老人和小孩先配制饮料。出品任何酒水的时间都不能太长，以免使客人久等。这就要求调酒师平时要多加练习，做到出品快捷熟练。

一般来说，果汁、汽水、矿泉水、啤酒应在1分钟内完成；混合饮料可用1～2分钟完成。有时，五六个客人同时点酒水，也不必慌张忙乱，可先一一答应下来，再按次序制作。一定要先答应客人，不能不理睬客人只顾自己做。

威士忌服务流程

（1）展示酒水：用托盘将酒水、分酒器和古典杯（带杯垫）端送至客人桌上摆放好，为加水饮用的客人加一只水杯；为加冰饮用的客人准备好盛有九分满冰块的冰桶，配好冰夹。左手托住瓶底，右手扶住瓶颈向客人示酒，请客人确认所点酒水的品牌、级数，并说：“您好，先生/女士，这是您点的××威士忌，请您过目。”客人表

示认可后，征询客人意见并开瓶："先生/女士，现在可以开瓶了吗？请问您希望如何饮用，是纯饮、加冰还是加水？"

（2）开瓶及服务：

第一，去除瓶盖上的封印。

第二，打开瓶盖。

第三，上杯垫，摆放好酒杯并斟酒。

纯饮：将酒倒入分酒器2/3处，按一标准杯的量斟倒给客人，送至客人右手边，询问客人是否还有其他服务需求。

加冰：先在客人杯内放入1/3冰块，再按一标准杯的量将酒倒入酒杯中，送至客人右手边，同时对客人说："请您慢用"，并询问客人是否还有其他服务需求。

加水：加水前可询问客人的口味，是浓一些还是淡一些，然后按客人要求斟倒，将杯送至客人右手边。

（3）理台：将台面物品摆放整齐，清理台面杂物。中途服务时注意随时为客人分酒、斟酒。始终保持台面干净、整洁。

加油站

在各类烈酒的销售出品中，威士忌酒适宜常温纯饮或加冰块及矿泉水饮用。

①纯饮。高年份的威士忌宜纯饮，方能享受其细腻与香醇。不向威士忌中加入任何东西，而是在室温下直接饮用，这就是所谓的"纯饮"。纯饮所品尝到的威士忌的风味是最浓郁的，也是最能体现威士忌特色的。

②加冰。此种饮法又称on the rock，主要是给那些既想抑制酒精味又不想太过稀释威士忌的客人们的一种选择。威士忌加冰块虽能抑制酒精味，也会因降温而闭锁部分香气，但却难以展现威士忌原有的风味和特色。加冰的具体做法是先在古典杯中加入1/3冰块，然后再斟酒，斟酒量以不超过冰块量为宜。

③加水。在威士忌中加入适量的水，不会让其失去原味，相反，会使酒精味变淡，并可以引出威士忌潜藏的香气。一般而言，酒和水1：1的比例，最适用于12年威士忌；低于12年的，水量要增加；高于12年的，水量要减少；如果是高于25年的威士忌，建议只加一点水，或是不根本加水。

特吉拉酒服务流程

（1）展示酒水：用托盘将酒水、古典杯（带杯垫）和一个切好的柠檬角和少许盐放在小碟内，送至客人桌上摆放好。为加冰饮用的客人准备好盛有九分满冰块的冰桶，配好冰夹。左手托住瓶底，右手扶住瓶颈向客人示酒，请客人确认所点酒水的品牌、级数，并说："您好，先生/女士，这是您点的××特吉拉，请您过目。"客人表示认可后，征询客人意见并开瓶："先生/女士，现在可以开瓶了吗？请问您希望如何饮用，是纯饮还是加冰？"

（2）开瓶及服务：

第一，去除瓶盖上的封印。

第二，打开瓶盖。

第三，上杯垫，摆放好酒杯并斟酒。

纯饮：将酒倒入分酒器2/3处，按一标准杯的量斟倒给客人，送至客人右手边，询问客人是否还有其他服务需求。

加冰：先在客人杯内放入1/3冰块，再按一标准杯的量将酒倒入酒杯中，再放入一片柠檬，送至客人右手边，同时对客人说："请您慢用"，并询问客人是否还有其他服务需求。

（2）理台：将台面物品摆放整齐，清理台面杂物。中途服务时注意随时为客人分酒、斟酒。始终保持台面干净、整洁。

5. 酒品服务

在酒吧，客人与服务员只隔着吧台，服务员的任何动作都在客人的目光之下。调酒师不但要注意调制的方法、步骤，还要留意操作姿势及卫生标准。将杯垫摆放在客人面前，再将斟倒好的酒水轻放至杯垫上，报上酒品名称。

如果客人就座于休闲区域，应用托盘将酒品托送至客人桌边。将杯垫从客人右后侧摆放在客人右手边两三点钟的位置（客人右侧如有障碍物则可从左侧服务），然后把酒杯轻放在杯垫上。视客人需要摆放装有冰块的冰桶或纯净水。

客人点烈酒除了纯饮（Straight Up，指纯喝之意）外，还常将两种以上的酒互相勾兑着喝，并要经常加相应的果汁、苏打水等。常见的一些专业术语显示了客人饮酒的一些习惯，如Frappe，将酒倒入盛满碎冰的杯内的鸡尾酒喝法；Half & Half，即一半水、一半酒；On the Rocks，以古典杯盛酒，杯内事先加有大方冰四五块；Tie me up，点同样的酒，喝完了酒自动再斟一杯。

服务员在工作期间要注意观察酒吧台面，看到客人的酒水快喝完时要询问客人是否再加一杯；吧台表面有无酒水残迹，经常用干净湿毛巾擦抹；要经常为客人斟酒水……让客人在不知不觉中获得各项服务。

总而言之，优良的服务在于留心观察加上必要而及时的行动。

【实训练习】

请根据"一标准杯"的容量练习斟倒酒品，并根据成本核算公式测算每瓶酒的实际销售份数和酒水损耗率，以便树立成本控制意识。

【任务评价】

销售份额的计算公式如下：

$$销售份额=\frac{每瓶酒容量-溢损量}{每份计量}$$

模块13 葡萄酒的出品与服务

【工作任务】

一天，某企业在酒店举办年中答谢酒会，根据预订标准，酒水由活动主办方自带。宴会进行了大半程，自带酒水用完了，一位客人对服务员说："请给我们桌再来一瓶葡萄酒。"服务员说："对不起，没有了。"客人听了很不高兴："为什么没有了？我们还没喝够呢！"服务员生硬地回答："酒水是主办单位自带的，你要喝找他们要去，我们没有。"由于服务员回答不妥，致使赴宴客人与主办单位造成误会，主办单位因服务员现场处置不妥而向饭店提出投诉。

【引导问题】

1. 宴会上自带酒水用完了，如果你是服务员，你会怎么处理？
2. 如何避免此类事件的发生？

一 认识葡萄酒

1. 关于葡萄酒的小常识

葡萄酒是指用新鲜葡萄果实或葡萄汁经完全或部分酒精发酵后获得的饮料。

（1）原汁葡萄酒：原汁葡萄酒，又称为静态葡萄酒，由于静态葡萄酒排除了发酵后产生的二氧化碳，故又称无气泡酒。这类酒是葡萄酒的主流产品，酒精含量

8%～13%。

依葡萄品种与酿制方式不同，原汁葡萄酒又可分为白葡萄酒、红葡萄酒和玫瑰红酒。白葡萄酒只将葡萄的汁液发酵，且培养期通常在1年以内，口味清爽，单宁含量低，带水果香味及果酸味。红葡萄酒是将葡萄的果皮、果肉、种子等与果汁一起发酵，且培养期在1年以上，口味较白葡萄酒浓郁，多含单宁而带涩味，因发酵程度较高，通常不甜但酒性比白葡萄酒稳定，保存期可达数十年。玫瑰红酒所谓的“玫瑰红”是形容它的色泽，它是在白葡萄酒中加入红葡萄酒而得，可以缩短红葡萄酒浸皮的时间，口味介于白葡萄酒与红葡萄酒之间。

（2）起泡葡萄酒：起泡葡萄酒因装瓶后经两次发酵会产生二氧化碳而得名，酒精含量9%～14%。这类酒以法国香槟区所产的“香槟”最负盛名。

（3）加强葡萄酒：加强葡萄酒是一种在发酵过程中或发酵后加入蒸馏酒精（通常是白兰地）的葡萄酒，导致酒精含量较前两类高，占15%～22%。这类酒通常要经历较长时间的培养期，而且混合不同年份及产区的酒而成，酒性较稳定，保存期较长。加强葡萄酒与使用葡萄酒蒸馏的烈酒的不同之处在于，烈酒都是通过蒸馏生产的，而加强葡萄酒只是简单地将烈酒添加到葡萄酒中。葡萄牙的波特酒及西班牙的雪利酒都是此类酒中的佼佼者。还有许多不同风格的加强葡萄酒如马德拉酒、玛萨拉酒以及卡曼达蕾雅酒。

（4）加香葡萄酒：加香葡萄酒是以葡萄酒为酒基，经浸泡芳香植物或加入芳香植物的浸泡液（或馏出液）而制成的葡萄酒。加香葡萄酒是在红、白葡萄中添加部分芳香植物和药用植物，以丰富葡萄酒的色、香、味，同时使加香葡萄酒具有特别的保健作用。国外著名的加香葡萄酒集中产自欧洲的意大利及法国，类别上分甜型、干型（半干型）；从色泽上分红、白两类。

加油站

常见葡萄品种：

1. 赤霞珠（Cabernet Sauvignon）

赤霞珠葡萄是世界各地广为栽培的酿酒名种，其酒体结构丰满，有强烈而复杂的香气。在不同条件下可以表现出黑加仑子味、蜜瓜味、甘草味香气。酿制的葡萄酒呈宝石红色，清香幽郁，醇和协调，酒质极佳，可陈酿。

2. 品丽珠（Cabernet Franc）

原产自法国波尔多区，适合较冷的气候，单宁和酸度含量较低。在意大利东北和美国加州的北岸亦广布。有浓烈的青草味，混合可口的黑加仑子和桑葚的果味，酒体较清淡。世界知名的白马酒庄（Ch. Chval Blanc）以它为主要成分调制各类酒。

3. 黑皮诺（Pinot Noir）

这一名贵葡萄品种一直在其起源地勃艮第广为种植，出产的红酒享有盛誉。其酒液颜色浅，单宁含量低，具有无与伦比的精致和优美的酒香：浓郁的黑加仑子香气中透着覆盆子的清香，带有香料及动物、皮革的香味。该品种特性不强，易随环境而变。黑皮诺虽然颜色不深，却有严谨的结构和丰富的口感。除红酒外，黑皮诺经直接榨汁也适合酿制白色或者玫瑰气泡酒，是香槟区的重要品种之一，多与夏多内混合，较其他品种丰厚且适陈年。勃艮第的金丘县是黑皮诺的最佳产区，在德国及奥地利称之为Spatburgunder，为主要黑色品种。

4. 佳丽酿（Carignan）

在兰格多克——胡西雍产区，佳丽浓葡萄种植量最大，酿酒时大多和Syrah与Mourvedre混合酿制。在西班牙也有佳丽浓葡萄种植，主要产区在卡塔隆尼亚，历史悠久，当地人称这种葡萄为Mazuelo或Mazuela，是立奥哈Rioja的原料品种之一。它的果实酸度高，单宁强，颜色深，果香浓，有苦味。虽然佳丽浓葡萄的产量高，可是它也需要极细心的照料，因为它很容易感染病毒，沾染霉菌，招致病虫害。

5. 霞多丽（Chardonnay）

霞多丽所酿的酒呈黄绿色，澄清透亮，果香浓郁，具甜瓜、无花果、水果沙拉的香气，陈酿后可具奶油糖果味及蜜香。味醇和协调，回味优雅，酒质极佳。

6. 雷司令（Riesling）

是德国及阿尔萨斯最优良细致的品种。该品种特性明显，淡雅的花香混合植物香，也常伴随蜂蜜及矿物质香味。酸度强，但常能与酒中的甘甜口感相平衡，丰富、细致、均衡，非常适合久存。除生产干白酒外，所产迟摘和贵腐甜白酒品质也很优异，即使成熟度高，也常能保持高酸度。其香味浓烈优雅，可经数十年陈酿，品质可媲美塞米雍。

7. 塞米雍（Semillon）

原产自法国波尔多区，但以智利种植面积最广，法国居次，主要种植于波尔多区。塞米雍所产干白酒品种特性不明显，酒香淡，口感厚实，酸度经常不足，适合年轻时饮用。部分产区经橡木桶发酵培养可丰富其酒香且较耐久存，如贝沙克·雷奥良等。

加香葡萄酒所采用的芳香及药用植物多为苦艾、肉桂、丁香、鸢尾、菖蒲、龙胆、豆蔻、菊花、橙皮、芫荽籽、金鸡纳树皮等。在中国市场常见的品牌如意大利产“马天尼”（Martini）为注册商标的品种：红味美思酒（Vermouth Rosso）、白味美思酒（Vermouth Blanco）、特干味美思酒（Vermouth Extrapry）；其他少量如意大利“仙山露”（Cinzano）或法国皮尔（Byrrh）、杜本内（Dubonnet）。

2. 酿酒葡萄及其特点

葡萄首先分为鲜食葡萄与酿酒葡萄。虽说鲜食葡萄也可以用来酿酒，但其酿造的葡萄酒远远不及酿酒葡萄的风味。下面是关于鲜食葡萄与酿酒葡萄的特点的比较：

鲜食葡萄（Table Grapes）：果粒大，果汁少、果肉多，果皮较薄，糖度适中、酸度较低，产量高，欧亚种、美洲种、杂交种都有。如巨峰葡萄、玫瑰香葡萄、龙眼葡萄、马奶葡萄及仙人指葡萄都是良好的鲜食葡萄。

酿酒葡萄（Wine Grapes）：果粒小，果汁多，果肉少，果皮较厚，高糖高酸，产量适中或者较低，欧亚种为主。如赤霞珠、黑皮诺、嘉美、霞多丽、雷司令等著名葡萄。

在葡萄酒中，除了含有大众都知道的酒精外，还含有很多其他物质，如甘油（Glycerol）、高级醇（Super-alcohol）、芳香（Aromatic）、多酚（Polyphenol）等，这些物质含量的多少及其比例直接决定了葡萄酒的质量与风味。这些物质中还原糖（Reducing Sugar）、总酚（Total Phenol）、单宁（Tannin）是酿酒用葡萄的主要质量指标。通过对它们的分析大致可知其酿造出来的葡萄酒的基本质量及风味特点。

3. 葡萄酒的颜色

葡萄酒的颜色鉴别

二 葡萄酒的旧世界与新世界

世界葡萄酒产地的划分：新世界葡萄酒和旧世界葡萄酒。

“旧世界”是指欧洲的法国、意大利和德国等历史悠久的葡萄酒生产国。严格的等级划分制度和葡萄酒饮用时的种种规则和禁忌，加上浪漫主义的演绎，使“旧世界”的葡萄酒往往被赋予了很多贵族文化和情调。

旧世界的酒一般趋于传统的手工工艺酿造，注重葡萄酒酸涩的本味，在口感上优雅复杂有深度，在包装上典雅传统，标明产地和风格，有明确的酿酒制度。

“新世界”则是指美国、澳大利亚、新西兰、南非、智利、阿根廷等仅有百年葡萄种植历史的新兴产酒国家。理想的自然环境、丰富的产品系列和品种、优良的性价比、更具亲和力的口感、更适合大多数消费者的口味等，这些都是“新世界”迅速崛

起的原因。

新世界偏向于用单一品种现代技术酿造，简单易饮，醒酒时间短，注重葡萄酒的香醇，果香味更重一点。在包装上鲜明活跃，无明确的制度约束。

旧世界国家包括法国、意大利、西班牙、德国、葡萄牙等。

新世界国家包括澳大利亚、美国、加拿大（冰酒）、智利、新西兰、南非、阿根廷等。

1. 旧世界的代表——法国葡萄酒

法国是世界上葡萄酒生产历史最悠久的国家之一，不仅葡萄种植园面积广大，葡萄酒产量大，消费量大，而且葡萄酒质量也是世界上公认第一的。

（1）法国葡萄酒的等级分类

①原产地名称监制葡萄酒（AOC）：是法国葡萄酒中的极品，政府对这类酒的出品有严格的法规进行控制，这些法规涉及生产、葡萄品种、最低酒精含量、单位面积最高产量、葡萄栽培方法、酿酒方法，有时甚至包括储藏和陈酿条件等。“原产地名

称监制葡萄酒”只有在符合了该酒的特定标准以后，才有资格冠以“地名监制”的美称，否则无权使用“地名监制”。

②特酿葡萄酒（VDQS）：其生产必须经过“国家原产地地名协会”的严格控制和管理。生产条件包括：生产地区、使用的葡萄品种、最低酒精含量、单位面积最高产量、葡萄栽培方法、酿酒方法等，在顺利通过官方委员会进行的品尝试验之前，这类酒不能从地方企业联合会取得VDQS标签。

③当地产葡萄酒（Vins de Pays）：又称乡土葡萄酒，该类酒只能用经认可的葡萄品种进行酿制，且葡萄品种必须是酒标上所使用地名的当地产品。

④佐餐葡萄酒（Vins de Table）：是除当地产葡萄酒外的佐餐酒，酒精度一般在8.5%~15%。它们可以是不同地区甚至不同国家葡萄酒的混合品。

（2）法国十大著名葡萄酒产区

- 香槟产区 Champagne
- 阿尔萨斯产区 Alsace
- 卢瓦尔河谷产区 Vallee de la Loire
- 勃艮第产区 Bourgogne
- 汝拉和萨瓦产区 Jura et Savoir
- 罗纳河谷产区 Rhone Valley
- 波尔多产区 Bordeaux
- 西南产区 Sud-Ouest
- 朗格多克—鲁西雍产区 Languedoc-Roussillon
- 普罗旺斯—科西嘉产区 Provence et Corse

世界知名酒庄：

1. 罗曼尼·康帝酒园

推荐年份：1997年

罗曼尼·康帝（Romane Conti）葡萄酒珍稀而名贵，多年来一直独占世界第一葡萄酒宝座，1500多美元一瓶的价格便是最好的证明。无论其生产年份,Romane Conti价格均在1000美元左右。它色泽深沉，具有淡淡的酱油香、花香和甘草味，芳香浓郁，沁人心脾。

2. 柏翠酒庄

推荐年份：1998年

在肯尼迪时代，梅洛（Merlot）葡萄酒可以说是白宫的最爱。尽管其正式名称是柏翠酒庄（Chateau Petrus），但其标签却简称为“Petrus”。葡萄通常提前收获，让其慢慢成熟。其中，1998年的柏翠无疑是一个神话般的作品，它拥有浓郁的深紫色，散发出黑色水果、焦糖、摩卡和香草的复杂香味，口感纯净、集中、饱满，甜美的单宁中带有一丝丝酸度，并且回味持久。

加油站

3. 里鹏酒庄

推荐年份：1999年

Thienpont家族的里鹏葡萄酒同样是车库葡萄酒。Le Pin是法文的松树之意，它的名称源于庄园内几棵标志性的大松树。里鹏酒庄占地仅5英亩，每年平均生产约6000瓶Pomerol美酒。Thienpont家族的里鹏葡萄酒可以说是最声名显赫的波尔多葡萄酒之一。它具有柔和的摩卡、黑樱桃和加仑味，口感丰满，深受葡萄酒收藏家青睐，也被称为世界葡萄酒业的一个奇迹。

4. 拉图酒庄

推荐年份：1990年

拉图酒庄（Chateau Latour）是法国最卓有声誉的酒庄之一，这里出产的Pauillac葡萄酒位列全球三大Pauillac葡萄酒之列。肥沃的土壤为葡萄种植和葡萄酒酿造创造了得天独厚的条件。梅多克（Médoc）地区的葡萄酒以口味活泼而著称，而Chateau Latour Pauillac 1990从众多美酒中脱颖而出，被《葡萄酒观察家》评为1993年最佳葡萄酒，并给予其极高的评价。

5. 瓦朗德鲁酒庄

推荐年份：1995年

瓦朗德鲁酒庄（Chateau Valandraud）是最重要的车库葡萄酒产地之一。与拉梦多酒庄一样，瓦朗德鲁酒庄同样非常袖珍。瓦朗德鲁酒庄由10小块土地组成，总面积为35英亩（相当于0.14平方千米）。Chateau Valandraud Saint-Emilion1995酿造过程讲究，产量很少，因此价格不菲。强烈的单宁口味与层次丰富的香料味相得益彰。与稍后年份的葡萄酒相比，其味更为浓烈。

6. 拉梦多酒庄

推荐年份：1996年

拉梦多酒庄（La Mondotte）与嘉芙丽酒庄（Chateau Canon-La-Gaffelire）、克罗斯罗哈托酒庄（Clos de l'Oratoire）同时被Neipperg家族收购，因此，只有11英亩（相当于0.04平方千米）多的拉梦多酒庄多年来一直被视为配角。直到1996年，拉梦多才在葡萄酒界一鸣惊人。Chateau La Mondotte Saint-Emilion 1996具有浓郁奇妙的果香和悠长的余味，人们常将它与里鹏（Le Pin）葡萄酒相提并论。

7. 木桐酒庄

推荐年份：1986年

木桐酒庄（Chateau Mouton）与拉菲酒庄系出同门，于19世纪中期由家族在英国的分支成立。“二战”后，该酒庄首破先例，邀请夏加尔、毕加索和沃赫尔等艺术名家设计专门的标签。Chateau Mouton Rothschild Pauillac 1986曾被《葡萄酒观察家》（Wine Spectator）杂志评选为1986年十大美酒，它有独特的巧克力、覆盆子和香料味以及令人难以置信的悠长后味。

8. 奥比昂酒庄

推荐年份：1982年

世界上年份最久的波尔多葡萄酒就出自奥比昂酒庄（Haut Brion）。该酒庄成立于1550年，从整地到葡萄酒酿造，所有事情均由Jean de Pontac一手缔造。之后，他在伦敦开设了一家酒馆，专卖自产的葡萄酒，并大获成功。Chateau Haut Brion Pessac-Lognan 1982红酒尽管年份不甚久远，但却风味十足，是一款不可多得的佳酿。它已熟到不能再熟，所以要尽快喝！

9. 玛哥酒庄

推荐年份：1995年

其色泽近乎黑色，乍看起来有些像墨水，具有扑鼻的黑莓和黑醋栗浓香，顺滑活泼，果香厚重而精致。玛哥酒庄（Chateau Margaux）拥有1000年的悠久历史，在葡萄酒界享有盛誉。Chateau Margaux 1995不仅具有Chateau Margaux 1986的复杂度，还具有Chateau Margaux 1990的优雅。1994年的Chateau Margaux同样价格不菲。

10. 拉菲酒庄

推荐年份：1996年

18世纪中期，一位法国政治家被派往外国。临行前，医生建议他带上几瓶拉菲（Lafite）葡萄酒作为滋补品。这位政治家非常喜欢这种酒，就向国王路易十五进献了几瓶，不久，这种葡萄酒就在凡尔赛一举成名，被称为“御酒”。Chateau Lafite Rothschild Pauillac 1996色泽深沉，薄荷和黑加仑香味灵动怡人，口感如丝般顺滑，回味悠长。

波尔多是法国第五大城市，世界上最大的美酒之乡，位于法国西南部的波尔多产区，也是世界葡萄酒之都，这里盛产的红酒最为有名。波尔多葡萄种植面积居法国三大葡萄酒产区之首，以出产葡萄酒为主，口感柔顺、细雅，极具女性的柔媚气质，因而有“法国葡萄酒王后”之称。波尔多产区的葡萄酒复杂、和谐、高雅，主要由赤霞珠葡萄混制而成。

勃艮第是法国古老的葡萄酒产地之一，也是唯一可以与波尔多葡萄酒抗衡的地区，既生产著名的红葡萄酒，也生产饮誉世界的白葡萄酒。葡萄酒的品种繁多，各具特色，有的雄浑饱满，有的精致典雅，千差万别，主要有夏布丽·科多尔尼伊和科多尔·博纳等地的优良红、白葡萄酒，以及扎奥·卢瓦尔地区的白葡萄酒。

勃艮第葡萄酒著名产地夏布丽平均年产110万加仑干白葡萄酒。该地的葡萄酒色泽金黄带绿，清亮晶莹，带有刺激性辣味，香气优美而轻盈，精细而淡雅，尤其适合佐餐生蚝，故有“生蚝葡萄酒”之美称。夏布丽地区有特级葡萄园7个，此外还有21个一级葡萄园。

科多尔产地由科·尼伊和科·博纳两部分组成。科·尼伊又称“黄金色的丘陵”，该区以生产红葡萄酒为主，且生产勃艮第最好的红葡萄酒。科·博纳主要生产勃艮第上好的白葡萄酒，该区的布利尼·蒙拉谢村是世界最高级的辣味白葡萄酒产地。科多尔拥有4个特级葡萄园，其中最出名的蒙拉谢白葡萄酒有着芳醇诱人的香味和钢铁般强劲的辣味，所以有“白葡萄酒之王”的尊称。

南勃艮第包括科·夏龙、玛孔和博若莱斯三区，葡萄酒品种丰富，风格多变，名酒很多。

法国的一级酒庄有拉菲、拉图、玛哥、红颜容、木桐等；法国葡萄酒左岸的以赤霞珠为主、美乐为辅，右岸的以美乐为主、赤霞珠为辅。

2. 新世界的代表——澳大利亚葡萄酒

澳大利亚阳光充足，温差大，雨水少，气候优良、稳定，极其适合葡萄的生长。

"把阳光装瓶"是澳大利亚宣传红酒的口号。

澳大利亚丰富的土地矿物和不受污染的最佳天然环境，使其能种植出果香味尤其浓郁、世界上最好的葡萄。澳大利亚特有的土地矿物质也丰富了葡萄酒的味道，其不受污染的天然环境也为有机葡萄提供了一个真正意义上的优良自然环境。

澳大利亚拥有世界一流、技术精湛的葡萄栽培和酿造专家，并拥有现代化的工业基础设施和优良的研究体系。其创新的工艺不仅保留了葡萄品种高度的原味和果香，也使其葡萄酒不需陈年，在当年饮用味道已极佳。

澳大利亚十大著名葡萄酒产区：

· 巴罗莎谷 · 南澳洲Barossa Valley，South Australia

· 克莱尔谷Clare Valley

· 古纳华拉Coonawarra

· 希恩科特Heathcote

· 猎人谷Hunter Valley

· 麦拿伦谷Mclaren Vale

· 玛格丽特河Margaret River

· 马奇Mudgee

· 塔斯马尼亚岛Tasmania

· 亚拉谷Yarra Valley

西澳，以葡萄产量来说，其总产量不过占全澳洲的5%，但是就品质来说，就已经接近巅峰了。这里的葡萄酒风格独特，结合了果香的熟美，较为轻盈。玛格丽特河是澳大利亚西部最大的单一产区。

Great Southern产区的Plantagenet酒庄是此区酿酒的先驱，不寻常的是，Great Southern产区又细分出几个副产区：Albany、Denmark、Frankland River、Mount Barker以及Porongurup。

Mount Barker副产区的强项是出产酒质细腻的雷司令白葡萄酒，以及一些迷人、带些胡椒味的西拉红酒。需要提醒的是，阿德莱得丘（Adelaide Hill）也有Mount Barker的地名，请勿混淆。

Forest Hill葡萄园是西澳葡萄酒产业一个历史里程碑，开建于1966年，最近重新复建，供应Denmark镇一家同名厂房的酿酒。至于Goundrey酒庄，则在一连串的快速并购下，目前已成为Constellation集团的一分子。

沿岸的Denmark副产区湿度更大，但通常也较暖和。在这个副产区有许多小规模的葡萄园，种植的都是比较早熟的葡萄品种，品质较好的是黑皮诺及霞多丽品种，不过，梅鹿辄的成果也不错。著名的酿酒师John Wade以及财力强大的Howard Park制酒公司都建厂于此。

南澳在澳大利亚是葡萄酒之州。南澳的葡萄采摘量很大，所有最重要的葡萄酒以及葡萄树的研究机构都设在此地。阿德莱得是南澳省的首府，四周遍地都是葡萄园。

布诺萨谷是澳大利亚最大的优质葡萄酒产区，布诺萨谷西拉红酒为全世界最知名的葡萄酒风格之一，其味浓郁集中、丰盛，透着巧克力及香料风味，风格外放犹如香氛精华液般迷人，也能油润光亮如高酒精浓度的药草酒。

在炽热的烈阳下，葡萄不仅成熟快，而且在采收前酸度急剧降低，有些酒庄会较早采收，以收获葡萄清新香气及良好的酸度。也有一些布诺萨谷的酿酒者会在葡萄酒中加入单宁及酸度，这种类型的酒年轻时味道扎实而丰满，劲道强。相反的，在波尔多，酒庄通常会在葡萄发酵后长时间泡皮，以萃取更多颜色及单宁。而布诺萨谷的红酒则是在美国橡木桶中完成酒精发酵的，让酒款更加甜美及顺滑。澳大利亚的酿酒业一向很有弹性，已经开始有酒厂使用法国的橡木桶来培养他们超熟的葡萄了。另外一个流行的酿酒潮流，则是让西拉与维欧尼葡萄一同发酵，好增加酒的香气且稳定酒色。

有一些布诺萨谷的赛美蓉无性繁殖系的葡萄皮偏粉红色，甚至比霞多丽葡萄还要常见，可以酿出非常丰美的白葡萄酒。赤霞珠若是种在深棕灰色良好的土壤上，表现相当优异。

三 葡萄酒佐餐原则

西方人对葡萄酒的热爱，促使他们一餐不只喝一款酒，这也是由他们的饮食习惯决定的。通常情况下，只要遵循白酒配浅色菜肴、红酒配深色菜肴的原则就可以。如果有些菜肴介于浅色与深色之间，选择一款桃红酒就可以了。香槟酒由于有独特的口味和丰富的气泡，可谓是“百搭”，从烤肉类到甜品都可以，尤其是口感干且偏辣味

的菜，搭配起来尤其好。

干白型白葡萄酒口感清爽，酸度高，搭配海鲜、鸡肉、猪肉，尤其是白切肉口感会更佳。丰厚型干白葡萄酒酒体圆润丰厚，酒香浓郁，适合搭配虾、蟹，或者是浓口味的红烧鱼和肉类。果香型干白适合搭配蘑菇以及一些水果做的简单的凉菜。半甜型白酒适合搭配辛辣食品，清淡型红酒配肝和肉肠，单宁型红酒配红烧肉和红烧鱼，丰厚型红酒配野味和浓味的肉类。

四 葡萄酒的含糖量分类

（1）干葡萄酒：含糖量低于4克/升，品尝不出甜味，具有洁净、幽雅、香气和谐的果香和干红葡萄酒酒香。

（2）半干葡萄酒：含糖量在4～12克/升，微具甜感，酒的口味洁净、幽雅、味觉圆润，具有和谐愉悦的果香和酒香。

（3）半甜葡萄酒：含糖量在12～50克/升，具有甘甜、爽顺、舒愉的果香和酒香。

（4）甜葡萄酒：含糖量大于50克/升，具有甘甜、醇厚、舒适、爽顺的口味，具有和谐的果香和酒香。

五 葡萄酒的饮用温度要求

葡萄酒的风味不同，饮用温度也不同，每一种都有最适宜饮用的温度。具体的饮用温度标准：上等波尔多红葡萄酒16～18℃，勃艮第红葡萄酒14～16℃，博若莱的桃红葡萄酒10～13℃。白葡萄酒的饮用温度为：辣而有劲的白葡萄酒6～10℃，浓烈的上等白葡萄酒10～13℃，香槟地区的起泡酒4～8℃。冷却后饮用能强化白葡萄酒新鲜的酸味和甜味，对于起泡酒来说，也能增强气泡量。红酒冷却后会增加酸涩味道，所以基本上不需要冷却，但是，轻淡型的红葡萄酒冷却后能让酸味更加活泼，别有一番风味。

如何控制葡萄酒的最佳饮用温度呢？最好的方法就是使用葡萄酒冰桶。冰桶冷却能保持葡萄酒不失原味，当酒瓶的温度上升时，再度放入冰桶即可。

葡萄酒的最佳饮用温度				
温度	白葡萄酒	红葡萄酒	汽酒	开胃酒及甜酒
6～8℃	清淡的白葡萄酒		有香味的甜汽酒	烈性且纯度高的开胃酒
8～10℃	有香味的白葡萄酒		香槟	
10～12℃	口味稍重的白葡萄酒	清淡的红葡萄酒		
12～14℃	口味重的白葡萄酒	口味稍重的红葡萄酒		贵腐葡萄酒
14～16℃		口味重的红葡萄酒		烈性甜酒
16～18℃		陈年红葡萄酒		

六 葡萄酒服务

（一）葡萄酒的销售

葡萄酒的世界非常丰富，服务员销售葡萄酒既要考虑到客人对葡萄酒的了解程度，也要对本酒店可供销售的酒品了然于胸，这样才能达到较好的服务效果。

销售葡萄酒的技巧有以下几点：

首先，要有细致的洞察力，要从客人的穿着来判断客人的档次，要主动询问客人的需求，例如，先生/女士：您好!有什么能帮到您吗？询问时态度要诚恳，语气要柔和，眼光要真诚。

其次，要懂得察言观色，尽量保持低姿态，切记不要在客人面前过于表现自己的专业知识。先从侧面了解客人对葡萄酒的熟悉程度，然后重点介绍客人喜爱的品种及品牌。

通常来说，根据客人的习惯介绍一些与葡萄酒相关的信息是不错的销售技巧：

（1）陈年葡萄酒试饮期：新酒3～5年，陈年酒10年以上。

（2）最近30年红酒的好年份：1982年、1996年、2000年、2003年、2009年。

（3）根据客人习惯饮用的葡萄酒的产区进行推荐。

（4）按用餐客人的佐餐习惯搭配推荐。

推荐酒水时，要注意将货架上的酒的品牌朝向客人，在显眼处摆上酒的文化背景介绍资料，价签要清晰、明确。如果是高档红酒，应将其置放在冷柜内出售。

（二）葡萄酒服务准备

（1）准备好洁净无褶皱的白色口布一条，红葡萄酒需要准备红酒篮1个、醒酒器1个、酒刀1把、小碟子1个、餐巾纸1张。服务白葡萄酒及气泡酒需要准备冰桶。

葡萄酒的冰镇方法：冰桶中放入2/3的碎冰及冰水，将酒瓶置于冰桶中，盖上一块餐布，一般15分钟可将酒温降至8℃。

（2）准备银托盘1个，用白色清洁、无褶皱白色口布铺在上面。根据客人人数及所点葡萄酒类型准备酒杯。

（3）将红葡萄酒放入酒篮内，酒标朝上，将口布叠好搭在瓶身上。

（三）葡萄酒服务

1. 示酒

（1）展示酒瓶，请客人确认所点葡萄酒的品牌、级数。展示时，应先从酒架上取下，将事先叠好的口布垫在瓶身下，左手托住瓶底，右手托住瓶颈，将酒标朝向客人，并说：“您好先生/女士，这是您点的××红酒，请您过目。”

（2）征询客人意见并开瓶："先生/女士，现在可以开瓶了吗？"

2. 开瓶

（1）开酒时左手扶住瓶颈，右手用酒刀割开铅封，并用口布擦拭瓶口。

（2）将酒钻垂直钻入酒塞中，注意钻入时不能转动瓶身。待酒钻完全钻入酒塞后，轻轻拔出酒塞。拔出时不应有声音，不能带出酒液。

（3）将酒塞从酒钻上取下，置于小碟中，放在客人酒杯右侧，供客人鉴别。

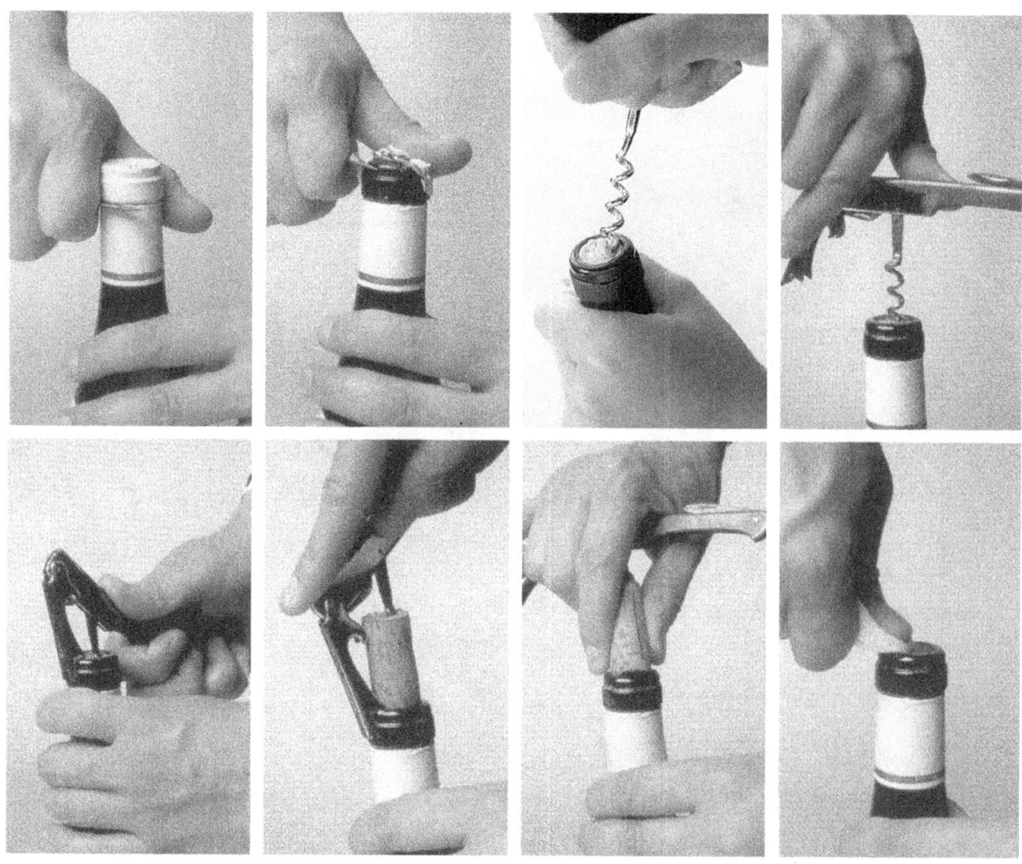

3. 醒酒及试酒

（1）如果服务的是红葡萄酒，一般需要醒酒。具体做法是：将红葡萄酒倒入一部分至醒酒器内，并将余下的酒放回酒架上，然后询问客人是否需要醒酒："您好！先生/女士，请问您点的酒需要醒酒吗？"客人如果需要醒酒，则要问清需要醒酒的时长："您希望醒多长时间呢？"之后再为客人提供侍酒服务。如客人表示不需要醒酒，则可立即为客人服务。

加油站

醒酒：

用容器醒酒可使酒液液面和空气接触的面积增大，加快醒酒的速度。

对于年份较轻或未到成熟期的红葡萄酒，通常要先开瓶透气让酒稍微氧化，这样酒的味道才会变得柔顺。醒酒“呼吸”的时间要视酒的不同品种而定。香槟酒或甜白酒可以提前1小时开瓶，年份轻的红葡萄酒则需要醒0.5～1小时，最多不超过3小时。

年份较长的老酒，瓶身一边或瓶颈一端出现沉淀物时，则建议换瓶。换瓶前需将酒直立放置一段时间，等待沉淀物沉淀。开瓶后，要将酒缓缓倒入一个空瓶中，或者倒入醒酒器中，以便将沉淀物留在原瓶瓶底。这样可以使老酒中长年的单宁柔化，去除酒的苦涩，增添顺滑温润的口感。

（2）斟酒时，先向点酒客人的杯中倒入大约1oz（1盎司，相当于28.35克）的红葡萄酒请客人品尝：“先生/女士，请您确认口感。”如果斟倒的是冰镇过的白葡萄酒，应先用餐巾裹住酒瓶再进行斟倒。

4. 斟酒

（1）待客人确认了酒的品牌和级数后，按人数往相应数量的杯中倒入葡萄酒。斟倒量为红葡萄酒至杯的1/2处，白葡萄酒至杯的2/3处。每斟完一杯酒，要将醒酒器按顺时针方向轻轻转一下，为的是避免将酒滴滴在台面上。斟完酒后，要将醒酒器轻轻放回台面上。

（2）如为多位客人斟酒，要按先女后男、先宾后主的顺序，顺时针方向给客人斟酒。斟倒完毕，要询问客人还有什么需求，同时对客人说：“请您慢用。”

加油站

斟酒分为桌斟和捧斟两种。桌斟是指将客人的酒杯放在餐桌上，服务员持酒瓶向杯中斟酒。桌斟时，瓶口在杯口上方2厘米左右处为宜，瓶口不宜碰触杯口。捧斟适用于酒会，其方法是一手握瓶，一手将酒杯捧在手中，站在宾客的右侧，优雅、大方地向杯中斟酒。

（3）拿起醒酒器再为点酒的客人斟酒。斟酒完毕，将醒酒器轻轻放回到台面上。

（4）侍酒过程中，当醒酒器内的红酒不多时，要把剩余的酒倒入醒酒器内，然后及时征求主客意见，询问其是否续点酒水。如客人不需要，及时撤走酒架及空酒瓶。

（四）香槟酒的开瓶服务

（1）将香槟酒从冰桶中取出，用白色口布将瓶身擦干，并裹住瓶身下部，割开瓶口的锡箔，转动用于密封的铁丝圈，将其卸掉。

（2）瓶身倾斜成45°，将瓶口移向无人方向（因为瓶内的压力很大，以免瓶塞弹出伤及客人）。

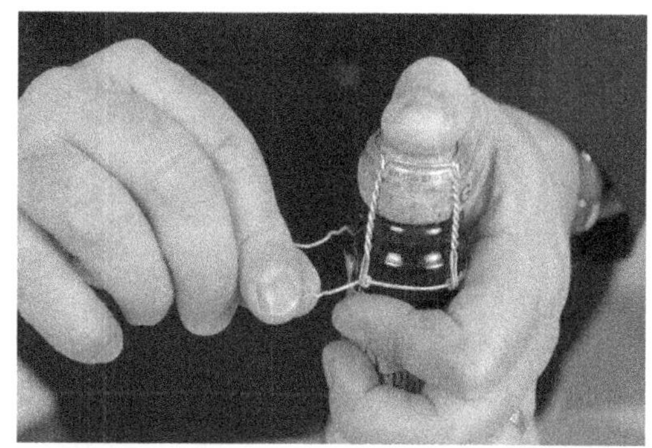

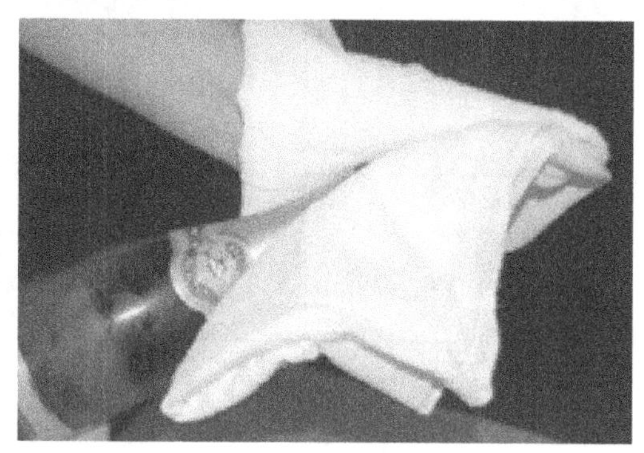

（3）一只手紧握瓶身，另一只手以拇指压在软木塞上方，食指在木塞边缘，其他手指围住瓶颈，如此便可完全掌控软木塞，不会发生危险。

（4）慢慢转动瓶身，等酒瓶内的压力将瓶塞慢慢推出，就可取出软木塞。

（5）将瓶身稍稍倾斜，以免泡沫溢出。

（6）用干净的口布将瓶口擦拭干净。

（7）在每个酒杯里先倒入一点酒，然后加至酒杯的2/3处。

开香槟的姿势要优雅，取出软木塞时，不必发出很大的声音，或故意让香槟泡沫溢出瓶外。好的酒保开香槟是没有声音的。

常见葡萄酒杯

酒杯类型	酒杯描述	图示
红葡萄酒杯	杯底部有握柄，上身较白葡萄酒杯更为圆胖宽大。主要用于盛载红葡萄酒和用其制作的鸡尾酒。勃艮第红酒杯为杯底较宽的郁金香杯，酒杯的最佳容量是10盎司。勃艮第酒杯的腰身要比红葡萄酒杯稍大，属饱满型	波尔多杯　勃艮第杯

续表

酒杯类型		酒杯描述	图示
白葡萄酒杯		杯底部有握柄，上身较红葡萄酒杯修长，弧度较大，但整体高度比红葡萄酒杯矮。主要用于盛载白葡萄酒	白葡萄酒杯
香槟杯	郁金香形杯	杯身细长，可令酒的气泡不易散掉，令香槟更可口	郁金香形杯 笛形杯 浅碟形杯
	笛形杯		
	浅碟形杯	杯身圆润柔和	

【实训练习】

分组模拟点菜，并根据客人所点主菜为其搭配一款葡萄酒，说一说搭配的理由。

模块14 软饮料的出品与服务

【工作任务】

沙滩吧的Helen今晚要为“六一”做一点准备，因为她知道晚上会有不少带孩子的客人来这里休闲娱乐。

【引导问题】

1. 软饮料是指哪些饮品？
2. 软饮料的销售服务有哪些需要注意的事项？
3. 本地夏季常见的水果有哪些适宜制作软饮料？

 软饮料及其种类

1. 软饮料（Soft drink）

软饮料，是指酒精含量低于0.5%（质量比）的天然的或人工配制的饮料，又称清凉饮料、无醇饮料。所含酒精限指溶解香精、香料、色素等用的乙醇溶剂或乳酸饮料生产过程中的副产物。

软饮料的主要原料是饮用水或矿泉水，果汁、蔬菜汁或植物的根、茎、叶、花和果实的抽提液。有的含甜味剂、酸味剂、香精、香料、食用色素、乳化剂、起泡剂、稳定剂和防腐剂等食品添加剂。其基本化学成分是水分、碳水化合物和风味物质，有些软饮料还含维生素和矿物质。

> **加油站**
>
> **风靡一时的世界著名软饮料：**
>
> 1. 可口可乐
>
> 可口可乐公司总部位于美国亚特兰大，起源于1886年美国佐治亚州亚特兰大城一家药品店。1919年9月5日，可口可乐公司成立，Cola是指非洲所出产的可乐树，树上所长的可乐籽内含有咖啡因，果实是制作可乐饮料的主要原料。1894年3月12日，瓶装可口可乐开始发售。
>
> 2. 百事可乐
>
> 19世纪90年代（1890—1900年）由美国北加州一位名为Caleb Bradham的药剂师所造，以碳酸水、糖、香草、生油、胃蛋白酶（Pepsin）及可乐果制成。该药物最初用于治理胃部疾病，后来被命名为“Pepsi”，并于1903年6月16日被注册为商标，是美国百事公司推出的一种碳酸饮料，也是可口可乐公司的主要竞争对手。

2. 常见类型

软饮料的品种很多。按原料和加工工艺分，有碳酸饮料、果汁及其饮料、蔬菜汁及其饮料、植物蛋白质饮料、植物抽提液饮料、乳酸饮料、矿泉水和固体饮料等八类；按性质和饮用对象分，有特种用途饮料、保健饮料、餐桌饮料和大众饮料等四类。世界各国通常采用第一种分类方法，但在美国、英国等国家，软饮料不包括果汁和蔬菜汁。

（1）碳酸饮料类：在一定条件下充入二氧化碳的软饮料，不包括由发酵法自身产生二氧化碳的饮料，其成品中（20℃时容积）二氧化碳容量不低于2.0倍。分果汁型、果味型、可乐型、低热量型及其他型。

（2）果汁（浆）及果汁饮料类：包括果汁（浆）、果汁饮料两类。果汁（浆）是用成熟适度的新鲜或冷藏水果为原料，经加工所

得的果汁（浆）或混合果汁类制品。果汁饮料，是在果汁（浆）制品中，加入糖液、酸味剂等配料所得的果汁饮料制品，可直接饮用或稀释后饮用。分原果汁、原果浆、浓缩果汁、浓缩果浆果汁饮料、果肉饮料、果粒果汁饮料和高糖果汁饮料。

风靡一时的世界著名软饮料：

3. 红牛（Red Bull）

红牛是全球著名的能量饮料品牌。1966年诞生于泰国，最初名称为Krating Daeng，1986年由奥地利商人将红牛引入欧洲后开始正式使用英文品牌“Red Bull”，由于它的产品是以补充能量为主的，因此创立了能量饮料这个品类。

4. 脉动（Mizone）维生素饮料

脉动，作为维生素饮料的先锋，2000年诞生于新西兰，次年在澳大利亚上市。2003年进入中国市场。脉动600ml共有六种口味：杧果、水蜜桃、青柠、橘子、荔枝、菠萝。另外还有1.5L的大包装，包括青柠及水蜜桃两种口味。

5. 王老吉（Wang lo kat）

王老吉凉茶为广药集团旗下产品，创立于清道光年间（1828年），至今近两百年历史，被公认为凉茶始祖。凉茶起源于广东，经过王老吉企业的不懈努力与科技创新，已将凉茶文化从岭南一隅推广至全国乃至全世界，王老吉凉茶一直深受广大消费者的厚爱与青睐。

6. 佳得乐（Gatorade）

全球领先的运动型饮料，拥有35年的运动科学研究背景。它于1965年由佛罗里达大学的研究人员研制，其名称Gatorade正是由佛罗里达大学学生的别称“Gators”衍生而来。在补充运动中身体所缺的水和电解质的同时还提供碳水化合物来增强运动耐力。“解口渴更解体渴”正是佳得乐的独特之处。如今，“佳得乐”在美国占有运动饮料行业85%的份额。

7. 健力宝（Jianlibao）

健力宝诞生于1984年，含有“健康、活力”的保健意义。1984年洛杉矶奥运会后一炮走红，被誉为“中国魔水”。作为中国第一个添加碱性电解质的饮料，健力宝率先为国人引入运动饮料的概念。与体育结缘，赞助体育赛事是健力宝作为运动饮料特性的集中表现，健力宝成为广州2010年亚运会指定运动饮料。

（3）蔬菜汁饮料：由一种或多种新鲜或冷藏蔬菜（包括可食的根、茎、叶、花、果实、食用菌、食用藻类及蕨类）等经榨汁、打浆或浸提等制得的制品。包括蔬菜汁、混合蔬菜汁、混合果蔬汁、发酵蔬菜汁和其他蔬菜汁饮料。

（4）含乳饮料类：以鲜乳和乳制品为原料未经发酵或经发酵后，加入水或其他辅料调制而成的液状制品。包括乳饮料、乳酸菌类乳饮料、乳酸饮料及乳酸菌类饮料。

（5）植物蛋白饮料：用蛋白质含量较高的植物的果实、种子，核果类和坚果类的果仁等与水按一定比例磨碎、去渣后，加入配料制得的乳浊状液体制品，蛋白质含量不低于0.5%。分豆乳饮料、椰子乳（汁）饮料、杏仁乳（露）饮料和其他植物蛋白饮料。

（6）瓶装饮用水饮料：密封在塑料瓶、玻璃瓶或其他容器中可直接饮用的水。其原料水除允许使用臭氧外，不允许有外来添加物。包括饮用天然矿泉水和饮用纯净水。

（7）茶饮料：茶叶经抽提、过滤、澄清等加工工序后制得的抽提液，直接灌装或加入糖、酸味剂、食用香精（或不加）、果汁（或不加）、植（谷）物抽提液（或不加）等配料调制而成的制品。包括茶饮料、果汁茶饮料、果味茶饮料和其他茶饮料。

（8）固体饮料：用糖（或不加）、果汁（或不加）、植物抽提液或其他配料为原料，加工制成粉末状、颗粒状或块状的经冲溶后饮用的制品，其成品水分<5%。分果香型固体饮料、蛋白型固体饮料和其他型固体饮料。

（9）特殊用途饮料：为人体特殊需要而加入某些食品强化剂或为特殊人群需要而

8. 雀巢系列饮品

雀巢公司由亨利·内斯特莱（Henri Nestle）于1867年创建，总部设在瑞士日内瓦湖畔的沃韦（Vevey），在全球拥有500多家工厂，为世界最大的食品制造商。公司最初以生产婴儿食品起家，以生产巧克力棒和速溶咖啡闻名遐迩。

9. 汇源果汁

汇源集团成立于1992年。目前已在全国建立了130多个经营实体，链接了1000多万亩优质果蔬茶粮等种植基地，建立了遍布全国的销售网络，以果汁产业为主体。

10. 阿萨姆奶茶

精选生长在喜马拉雅山南麓阿萨姆邦的红茶，这种盛产在海平面附近的阿萨姆茶以浓稠、浓烈、麦芽香、清透鲜亮而出名。阿萨姆红茶茶叶外形细扁，色呈深褐；汤色深红稍褐，带有淡淡的麦芽香、玫瑰香，滋味浓，属烈茶，是冬季饮茶的最佳选择。

调制的饮料。包括运动饮料、营养素饮料和其他特殊用途饮料。

二 软饮料的出品服务

（1）准备工具及原材料。根据客人点单准备所需原材料及操作工具。软饮料服务常用工具有榨汁机、各种玻璃杯、装饰物、托盘、杯垫等。

（2）将玻璃杯降温处理。用冰夹或冰勺将冰块盛入玻璃杯中。不能用玻璃杯代替冰夹或冰勺到冰桶里取冰，以保证冰桶的卫生和安全。

（3）制作饮品。将削去果皮的水果放入榨汁机，启动开关榨出果汁，并盛放进饮料壶中；将装有果汁的饮料壶及饮品杯装进托盘，尽快送到客人桌边。

（4）斟倒饮品。将杯垫从客人右后侧摆放在客人右手边两三点钟的位置（客人右侧如有障碍物则可从左侧服务），把盛有冰块的杯子摆放在杯垫上，当着客人的面开启饮料瓶瓶盖，再将已经开瓶的饮料斟倒给客人。

【实训练习】

1. 请根据客人点单，为客人制作并服务一款调配果汁饮品。
2. 请根据客人点单，为客人制作并服务一杯冰咖啡。

第五篇
题库·在线练习

第六篇

——销售酒水

小张是酒店大堂吧一名新来的员工，对工作很是认真，肯学肯干，每每对客服务都能做到细致、细心，可是有一项工作却让小张很为难。小张性格内向，虽然勤快，但不善言辞，经理让员工适时推销酒水的工作，小张有些无从下手，加上没有酒店工作的经验，总是无法将酒水推销出去，一旦客人说不要，他就不知道说什么好了。

【想一想】

除了基本的对客服务工作，酒吧服务员还应了解哪些酒水销售的技巧，这些技巧对于酒吧工作有哪些作用?

模块15 酒水推销

【工作任务】

向客人推销酒水，明确推销的目的，最大限度地满足客人的需求。为提高销售成效，提前制订工作计划，根据客人的特点，做好相应的准备和合理安排，采取合理的推销方式。

服务理念："一切为了客人"的服务理念是永恒的主题：

1. 认真细致

调酒师必须将每一道服务程序、每一个服务细节都做得非常出色，包括硬件、软件、心理、气氛、环境等，都要力争超出客人的期望值，令宾客喜出望外。

2. 精心打造

调酒师要以主人翁的态度，积极地发挥自己的想象力，精心营造出令客人满意的服务氛围。

3. 微笑服务

微笑的重要性不言而喻，调酒师应该在服务过程中始终保持微笑。

4. 宾至如归

将每一位客人都看作亲人和朋友，让客人感受家一般的亲切和温暖。调酒师在每一次接待服务结束时，都应该显示出诚意和敬意，感谢客人的光临，并主动邀请客人再次光临。

【引导问题】

1. 常见的推销方式和推销活动有哪些？
2. 酒吧服务员应掌握哪些推销技巧？

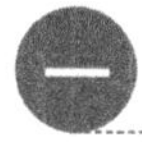

推销酒水的目的

（1）酒吧虽然以一定的娱乐活动来吸引客人，但酒吧的收入是以销售酒水来获得的。酒吧服务员要采取各种推销手段来增加酒水的销售量。

（2）推销酒水能向客人展示酒吧的特色和风貌，给客人留下美好的印象，有利于提高客人的回头率，创造良好的口碑，获得新客源。

推销酒水的形式

酒吧一方面可以配合食品推销做一些销售活动，另一方面也可以结合酒吧的销售特点举行一些富有特色的推销活动。

1. 外部推销

外部推销的主要目的是为了进一步树立酒吧的良好形象，扩大和提高酒吧的知名度。

（1）访问推销：访问推销是销售人员通过拜访客人，当面向客人介绍推销内容的一种推销形式。这种推销形式要求销售人员具备较高的语言沟通能力，掌握较好的推销艺术。它有利于销售人员与客人之间建立良好的人际关系，取得客人的信赖。访问推销的成本费用较高，但成功的机会很大。

（2）电话推销：电话推销是指酒店销售人员通过打电话的形式与客人取得联系，或者由客人主动打电话给酒店进行预订。电话销售要求销售人员语言诚恳、礼貌，用词简洁，推销产品和服务时力求精确、重点突出，对客人的要求要做好记录。电话推销一般只适合于经常光顾和比较熟悉的客人。

服务态度：在服务过程中，“态度”往往决定一切：

1. 对管理者的态度

称职的调酒师应该尊敬管理者，服从管理者的决定并有效率地执行管理者的安排。

2. 对客人的态度

称职的调酒师对待客人必须是热情有礼，保持得体的微笑。

3. 对工作的态度

认真、严谨的工作态度是称职的调酒师必须具备的素质。

（3）广告推销：广告推销是销售活动

加油站

酒吧服务原则：

1. 以客人为中心的原则

酒吧服务必须坚持以客人为中心的原则，尊重客人的人格、喜好和习俗，在满足客人自尊心的同时，提供能满足其消费需求的服务，增强客人的消费欲望。

2. 周全性原则

现代人消费日趋多样化、高档化，人们不仅要求酒吧能提供丰富多彩、高品质的饮品和服务，而且还要求提供各种代表新潮流的娱乐项目和其他特色服务，以此提高客人的消费水平。

3. 人情化原则

酒吧作为客人精神满足和情感宣泄的场所，要在服务中体现人情味，以增加客人的回头率和消费力。

4. 效率性原则

酒吧的产品一般是即时制作、即时消费。客人所点酒水饮料需要服务员面对面直接服务。受酒水饮料的特性所限，这种服务必须快速。酒吧服务过程是产品销售过程，也是消费过程。酒吧服务必须体现高效率，保证高质量地完成服务。

5. 灵活性原则

由于客人在酒吧消费的随意性，加上酒吧服务过程中经常会出现一些突发事件，如客人醉酒，这就要求酒吧服务员能随机应变，在不损害客人自尊或情感的条件下，灵活得体地处理突发事件。

6. 安全性原则

首先要保证酒水的质量和卫生安全，其次要保证客人隐私得到尊重，最后要保证客人在酒吧的消费过程中不受干扰和侵害。只有保证了消费安全，才能维持一个稳定的客源市场。只有保证了酒水质量和卫生安全，才能扩大和提高酒水销售的水平。

的主要推销方式，它通过报纸杂志、广播电视等宣传媒介把有关的推销信息传递给客人，直接或间接地促进产品和服务的销售。选择不同的广告宣传媒介，对推销活动的成败至关重要。广告推销的主要形式有报纸广告、杂志广告、电台广告、电视广告、邮寄广告、网络广告等。

2. 内部销售

外部推销的主要目的是为了招徕客人，内部推销则是为了让光顾的客人满意，从而吸引他们再次光顾。

首先，推销活动期间，酒吧必须给客人提供一个清洁舒适的消费环境，酒吧的布置必须突出主题，有特色，气氛和谐，各种摆设井然有序。

其次，服务员举止得当，衣着得体，服务规范，对酒品有充分的了解。在推销酒水时，应留心观察客人的一言一行，揣摩客人的心理，有针对性地进行推销。

三 服务员应掌握的推销知识

（1）服务员和调酒师应当确切地知道酒吧销售的饮料品种。

（2）服务员和调酒师应当熟悉所供应酒水饮料的特点和口味。

（3）服务员和调酒师应当详细了解酒吧饮品原料成分、调制方法、基本口味、适应场合等。

（4）服务员必须熟悉各式菜肴搭配的酒水。

（5）服务员应了解每天的特饮以及酒水的存货情况。

（6）酒品售出后，服务员应规范地向客人提供示酒、开瓶及其他服务。

（7）服务员和调酒师应根据客人的喜好恰当地向客人推荐酒品，不可强制销售。

四 推销方法

1. 演示推销

调酒师现场进行操作表演，其优美的动作，高超的技艺，在向客人展示自信的同时，自然也会吸引客人的眼球。调酒师的示范表演、酒品艳丽的色彩、诱人的味道、精美的装饰都能刺激客人对酒水的消费欲望。

演示性推销是一种最有效、最可靠的手段。这是因为调酒师充分展示自己形象的过程中，直接展示了饮品的制作过程，客人乐于接受调酒师推荐的饮品，再者，调酒师直接与客人面对面，有机会与客人聊天，并随时回答客人的提问，有助于增加推销的机会。

2. 服务推销

（1）从客人的需求出发推荐酒水。不同客人光顾酒吧的目的不同，其消费需求也不同。对于虚荣心强的客人要推销高档名贵的酒水；对于主要是为了消遣娱乐的客人，可推荐大众酒水；对于团体聚会，可向客人推销瓶装酒水。

（2）从价格高的名牌饮品开始推销。价格高的饮品，利润大，可先推销，但要讲究推销的艺术："本酒吧最近从法国进了一批名贵的葡萄酒，有××和××，您需不需要尝尝？"有一定身份或虚荣心强的客人一般不会拒绝。

（3）推荐酒吧特饮或创新饮品。向客人介绍酒吧特饮的独特之处，如"由著名的调酒师调制，该饮品在××比赛中获得一等奖"，以及从味道、色彩等方面向客人介绍，从而引导客人消费。

（4）主动服务，增加销售机会。当客人正在犹豫或是不想购买时，服务员只要略加推销，就可能促成客人消费。这些机会在服务中经常可见，当客人环顾四周或当酒杯已空时，只要适时推销就可以抓住机会。

3. 节日推销

各种节日为酒吧创造了良好的推销酒水的机会，很多酒吧利用节日搞一些特色的促销活动，吸引更多的客人光顾和消费。有些酒吧还特制各种节日酒水，以增加酒水的销量。

4. 专题活动推销

酒吧结合各种活动可以搞一些专题推销活动，如专场服装表演会、音乐会、舞会等，在活动期间加强酒水的销售。此外，酒吧可以配合各种食品节进行酒水推销，如根据食品节的内容和特点推销独具特色的鸡尾酒；西餐、烧烤、海鲜食品节可以推销各色葡萄酒等。

5. 优惠价格推销

酒吧可以通过价格的变化来吸引客人。

（1）赠送。客人在消费时，免费赠送新的饮品或小食品以刺激客人消费。或者为了鼓励客人多消费，对酒水消费量大的客人，可以免费赠送一定的酒水，以刺激其他客人消费。免费赠送是一种象征性的促销手段，一般赠送的酒水价格都不高。

（2）优惠券或贵宾卡。酒吧在举行特定活动或新产品促销期间，事先通过一定方式将优惠券或贵宾卡发到客人手中，或是给予经常光顾的客人优惠券和贵宾卡，客人凭卡就可以享受到折扣优惠，以吸引客人多次光顾。

（3）折扣。酒吧有时会在特定时间如在营业淡季打折销售酒水，以吸引客人前来消费。例如，可以利用每天下午4～6点这段营业时间，采用“快乐时光”（Happy Hour）的优惠价格形式吸引客人。快乐时光常采用的办法是买一送一，即买一份酒水赠送一份同样的酒水。再者，可以为达到一定消费额或消费次数的客人给予折扣，这种方式会使客人在购买酒水时直接得到利益，因而具有很大吸引力。

（4）有奖销售。通过制定不同程度的奖励措施，刺激客人的短期购买行为，这种方式比赠券更为有效。

此外，还可以根据酒店客源及所处城市特点，对常住客人和驻华外商组织“酒瓶俱乐部”，以优惠价格向经常光顾酒吧的客人提供整瓶酒水，并为客人代为保管酒水，向俱乐部成员提供优惠条件，以吸引更多的客人光顾酒吧。

五 酒水推销的语言技巧

说话是一门艺术，不同的表达方式会收到不同的效果。例如：当我们向客人推销酒水时，有三种不同的询问方式：一是，“先生，您来点酒水饮料吗？”二是，“先生，您用什么酒水饮料？”三是，“先生，您用白酒、啤酒、红酒还是饮料？”可以看出，第三种问法为客人提供了几种不同的选择，客人很容易在我们的提示下选择其中的一种。

我们在工作中灵活运用语言推销技巧会大大提高工作效率。

在清台或收空瓶的时候，抓住二次促销的机会。如当客人所点的酒水或小食只剩一两支或少量时，要来到主客面前，礼貌小声地询问："酒水快喝完了，您看是否需要再加些酒水？"或是询问主客"再来一套（打）吗？"。这里需要注意的是，不要等客人所点酒水所剩无几时再询问客人是否续添酒水；在不知道主客消费意图时，也不要当着好多客人的面大声提醒主客"没有酒水啦"，以免主客尴尬。

【实训练习】

请根据酒水推销技巧，选择一种推销方式，两两一组进行情景模拟练习。

模块16 主题酒会策划

W公司为了感谢全国广大代理商、经销商及意向合作伙伴对公司的支持与帮助，在新年到来之际，特在本地高星级酒店R酒店举办答谢经销商及老客户的宴会，并在宴会开始前举行招待酒会。

【想一想】

你是这次R酒店酒会的活动策划者，你会为W公司此次活动的负责人提供怎样的建议和方案，并协助他们共同完成这次的主题酒会？

【工作任务】

W公司的小王是此次活动负责人，他来到了R 酒店跟你沟通酒会的相关事宜。

【引导问题】

1. 主题酒会有哪些形式？
2. 策划一场主题酒会要做哪些工作？

一 关于酒会

酒会，起源于欧美，是一种经济简便、轻松活泼的招待形式。目前在现代商务活动及其他一些特殊场合如新品发布会上十分流行。

它既可以在室内举行，也可以在院子里或花园里举行，一般不设座位，只设食品台，将餐具分组摆在食品台上，由客人随意取用。酒会进行中，宾主可以自由走动，互相敬酒，自由交谈。酒会开始后，服务员只管斟酒、撤餐具和酒具。

酒会与正式宴会的不同之处是客人在专门的菜台上自取食品，所以又称之为“自助餐会”。

酒会是以自助餐就餐形式服务的，它与自助餐在服务形式上大致相同，不同之处是自助餐厅的客人是先后到来的，而酒会的客人基本上是同时用餐的，所以酒会上的服务相对来讲时间比较集中，需要事先做好充分的准备工作。

酒会已成为现代商务活动展示产品、扩大社交的平台。更是企业商家招待贵宾、展示企业文化品位、提升企业形象的重要渠道。

那么，举办一场酒会，要经过怎样流程、又有哪些需要注意的事项呢?

二 酒会的种类

酒会种类很多，有商务酒会、新年酒会、婚庆酒会、家庭酒会、友谊酒会、生日酒会、音乐酒会、时尚派对等。不同性质的酒会在筹办和策划上有很大区别。

商务酒会可以加强与社会各界人士的交流，创造良好的沟通机会，借此扩大企业的知名度，答谢客户对公司的长期支持，以此推动公司业绩良性持续发展。

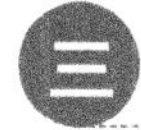 酒会的特点

酒会因其气氛热烈、交流方便、进餐自由而深受客人的欢迎。

（1）以酒水为主。有鸡尾酒和各种混合饮料以及果汁、冷水、矿泉水，还有啤酒、葡萄酒、香槟酒、白兰地、威士忌、白酒等。

（2）食品简单。酒会食品多为三明治、小香肠、炸鸡腿、面包托、炸春卷、薯条等各种小吃。目前在国内举行的酒会通常会在西式小吃的基础上增加部分中式菜点和小吃。

（3）自选菜肴。就餐采用自选方式，客人可根据自己的口味去餐台选择自己需要的点心、菜肴和酒水。

（4）时间灵活。举行酒会的时间较为灵活，上午、中午、下午、晚上均可，尽管酒会请帖上会约定固定的时间，但实际上，不准时到场者也大有人在。

（5）地点不受限制。举行的地点可在室内，也可在室外，空间不受限制。

（6）不排席次。酒会上，用餐者一般均站立交流，没有固定的席位和座次，酒水饮料和食品均由服务员用托盘端送，也有一部分放在餐台上，由客人自由取用。在餐厅周围设小圆桌供客人摆放酒杯、餐巾纸、餐碟、牙签盅等。一般也会设置一些座位，供年长者及身体不适者稍做休息。

（7）自由交际。由于不设座位，酒会具有较强的流动性，客人之间可自由组合，随意交谈。

四 主题酒会的策划

我们在对酒会进行策划的时候，首先要将酒会活动的背景分析清楚，明确举办酒会的目的以及想要达到的效果，并做好相关的经费预算。对参与活动的客户群体有一定的认知，尽量考虑周全，让来宾感觉轻松自如，方便自在。活动设计还要有创意、有亮点。这样的酒会才是一个高质量的酒会，才能收到良好的社交效果。

如何才能举办一场成功又充满创意的酒会活动呢?

1. 人员邀请

要视酒会主题确定邀请对象。如一些答谢客户的主题酒会，除了邀请客户外，最好还能邀请客户的太太或者朋友（或女友、舞伴）参加。

对于小型酒会，不必非要印制请帖，口头发出邀请即可。邀请可提前两周发出，也可再迟一些，但一定要给客人留出考虑的时间。

对于大型或正式酒会，最好印制专用邀请函。邀请函不仅要设计精美，文字资料亦应详细介绍酒会的主题与特色。该类邀请函一般也应提前两周发出。

发出邀请函后，需专人电话联系，确认对方是否收到邀请函，并了解对方的参加意愿，以确定参会人数。建议每位职员联络并接待10对来宾。接待人员需掌握酒会的全部情况，以便回答客人的任何问题。接待人员还需要确认客人的出行方式，是自驾车还是搭乘公司在指定地点的接送车辆，要沟通协调好车辆的停放位置等相关事宜。

通常情况下，发出的请帖或口头邀请要多于实际到场的人数，以免出现空场。

2. 场地选择

一场酒会成功与否，场地选择是关键。考虑到天气原因，建议酒会以室内多功能厅为主、以户外为辅。

场地的大小决定了邀请客人的多寡。根据公司情况或拟邀请对象情况，选择一个大小合适的场地十分重要。过于嘈杂和拥挤是举办酒会的大忌。一般来说，来宾应有1平方米的活动空间。

3. 酒会形式

酒会一般都有较明确的主题，如婚礼酒会、开张酒会、招待酒会、产品介绍酒会、庆祝庆典酒会、签字仪式、乔迁祝寿等酒会。这种分类对组织者很有意义，对于服务部门来说，应针对不同的主题，配以不同的装饰、酒食品种。

酒会可采用自助晚餐、酒会加舞会、精彩演出、抽奖活动等举办形式。根据组织形式来分，酒会有两大类，一类是专门酒会，一类是正规宴会前的酒会。

专门酒会单独举行，包括签到、组织者和来宾致辞、时装表演、歌舞表演等。专门酒会可分为自助餐酒会和小食酒会。自助餐酒会一般在午餐或晚餐时进行，而小食酒会则多在下午茶的时候进行。

宴会前酒会比较简单，其功能是在较盛大的宴会开始前为了不让等候着的客人受到冷落。也有把这种酒会作为宴会点题、致辞欢迎的机会，还有的是为了给客人提供一个自由交流联络感情的场所。当宴会正式开始后，每个人回到自己座位上，只能与同桌客人谈话。

酒会期间还可穿插舞会，并将酒会及舞会控制在60分钟内。

4. 布置及准备工作

设计布置要根据不同时期、不同季节、不同客人的需求而定，需要突出某一特定的主题。

（1）酒会一般不设席位，但为了照顾有需要的客人，可在场地四周设座椅、小桌，供有需要的客人临时休息。

（2）场地中间可设一个主菜台，由条桌或方桌拼搭而成，铺上台布，菜台中间可放置鲜花或符合主题的装饰物，菜台四周摆放食品及酒水。

（3）菜台可以是圆形、方形、S形、V形、T形。如需单独设置吧台，以50人设一台为宜，台上摆放各式酒品和酒杯。还可根据人数多少，设置一个或数个酒水台专门放置酒水，由客人自由取用。

（4）提供两三种规格的盘、刀、叉、勺，放在食品桌或餐具桌上。在餐具旁边摆放餐巾纸。

（5）设收餐台数个，供客人放置用过的餐具。服务员要及时清理收餐台。

（6）致辞台或祝酒台一般设在场地最醒目的位置处，以便主人能关注到酒会的每一个角落，从而调动整个酒会的气氛。

（7）可利用墙壁的背景、栅栏、盆景、彩带、彩灯、彩旗、纸扇、字画、雕塑、

绿植、鲜花以及符合主题的饰品等对场地进行装饰。

（8）在酒会举办地大门口安放引导牌，在会场入口处布置迎宾签名台和礼品台。还可准备一些让来宾随意取阅的宣传册。有些酒会还会在入口处安排拍照区，由专业摄影师负责拍照工作。

（9）调好音响，播放柔和、轻快的背景音乐。有的大型酒会还有花式调酒表演，并会邀请舞蹈演员或乐队助兴。这时应提前调试好音响、灯光等演出设备。

（10）如果设计了幸运抽奖、大型户外烟花会演（根据各地情况）等活动，也应做好相关准备工作。

5. 物料准备

采购部门要根据酒会的具体方案做好食品与用品的采购工作。在规定的时间内采购好鲜花、彩带、签到用品、客人纪念品、奖品、迎宾提示牌、舞台背景板等物品。

6. 酒会服务

酒会服务提供方应召集相关部门负责人召开沟通会，对活动进行时间切割，分区块进行筹备。可以根据工作区域及工作内容确定好各岗位负责人及工作人员，明确总负责人，做到分工明确，将责任落实到个人。

（1）客人抵达会场时，迎宾员热情迎客，做好签到、拍照、资料发放等工作。

（2）客人到达会场时，服务员及时送上酒水及餐巾纸。

（3）客人到达吧台时，调酒师礼貌地询问客人的需求并迅速调制好酒水。

（4）巡视服务区域，随时提供服务，包括整理食品陈列台，检查食品温度，保证热菜要热、冷菜要凉，及时添加酒水，补充餐具，撤去空盘、空瓶等。要多观察，主动为客人提供服务。巡视过程中不从正在交谈的客人中间穿过，不打断或打扰客人交谈，若客人间相互祝酒，要主动上前提供续斟酒水服务。

（6）主人致辞、祝酒时，要专门安排一名服务员提供祝酒服务，其他人员则分散在客人间为客人送酒。服务要迅速，保证每位来宾都有酒或饮品在手。

（7）客人自取食品时，服务员要适时提供餐具递送服务，及时收拾整理取餐台，及时补充食品酒水。但要注意，若酒会已近尾声，不要做过多补充，以免浪费。

（8）酒会一般采用站立就餐形式，但有主办方要求在贵宾厅为贵宾、重要领导、年纪较大的客人设立贵宾席，这时应按西餐宴会服务方式提供对客服务。

（9）如有乐队或歌舞表演，要确保有工程部人员在场提供设备的保障和维护服务。

（10）酒会临近结束时，经理或领班要清点客人所用餐食、酒水数量，累计总数，以便酒会结束及时结账。

（11）酒会结束，要及时清理现场，检查有否未熄灭的烟头或客人遗留物品。

【例】酒会流程

18:30–19:00 来宾签到

19:00–19:15 介绍主要来宾及主要领导致辞

19:15–20:15 酒会开始，现场来宾自由交流

20:15–21:00 花式鸡尾酒表演、当地少数民族舞蹈表演，互动抽奖

21:00–21:50 交谊舞会

21:50–22:00 户外大型烟花会演（根据实际情况而定）

【实训练习】

根据下面的酒会活动策划表，选择一个主题，进行主题酒会策划训练。

<table>
<tr><td colspan="4">酒会活动策划</td></tr>
<tr><td>总负责人</td><td colspan="2"></td><td>联系电话</td></tr>
<tr><td colspan="2">项目</td><td>内容</td><td>完成情况</td></tr>
<tr><td rowspan="14">前期准备</td><td rowspan="8">基本信息</td><td>确定酒会主题</td><td></td></tr>
<tr><td>举办酒会的具体时间</td><td></td></tr>
<tr><td>举办地点</td><td></td></tr>
<tr><td>场地考察面积可容纳人数</td><td></td></tr>
<tr><td>酒会形式</td><td></td></tr>
<tr><td>策划方案</td><td></td></tr>
<tr><td>活动布局图</td><td></td></tr>
<tr><td>活动预算</td><td></td></tr>
<tr><td rowspan="6">文件制作</td><td>初步邀请邮件</td><td></td></tr>
<tr><td>正式邀请函（对外、对内邀请函）</td><td></td></tr>
<tr><td>活动日程表</td><td></td></tr>
<tr><td>前期宣传</td><td></td></tr>
<tr><td>拟邀请</td><td></td></tr>
<tr><td>初步邀请——邮件邀约</td><td></td></tr>
</table>

续表

<table>
<tr><th colspan="2">项目</th><th>内容</th><th>完成情况</th></tr>
<tr><td rowspan="2">前期准备</td><td rowspan="2">人员邀请</td><td>正式邀请（一对一邀请）</td><td></td></tr>
<tr><td>核实出席人数</td><td></td></tr>
<tr><td rowspan="26">场地布置及物料准备</td><td rowspan="4">迎宾区</td><td>路标指示牌</td><td></td></tr>
<tr><td>展示架</td><td></td></tr>
<tr><td>行李存放处</td><td></td></tr>
<tr><td>行李牌</td><td></td></tr>
<tr><td rowspan="9">签到区</td><td>签字背景KT板</td><td></td></tr>
<tr><td>签到桌</td><td></td></tr>
<tr><td>多份签到名单、签字笔</td><td></td></tr>
<tr><td>指示牌</td><td></td></tr>
<tr><td>活动流程图</td><td></td></tr>
<tr><td>名牌</td><td></td></tr>
<tr><td>纪念物品发放</td><td></td></tr>
<tr><td>背景板拍摄位置布局</td><td></td></tr>
<tr><td>会议前酒吧台桌位置布局</td><td></td></tr>
<tr><td rowspan="13">会议区/表演区</td><td>指示牌</td><td></td></tr>
<tr><td>背景板</td><td></td></tr>
<tr><td>舞台大小高度</td><td></td></tr>
<tr><td>演讲桌台花</td><td></td></tr>
<tr><td>会议文件（演讲PPT、演讲翻译稿、主持稿）</td><td></td></tr>
<tr><td>会议活动，如剪彩仪式设备筹备</td><td></td></tr>
<tr><td>会议大合影活动搭台位置及KT板公司标识横幅</td><td></td></tr>
<tr><td>话筒、音响、插线板</td><td></td></tr>
<tr><td>投影用电脑、激光笔</td><td></td></tr>
<tr><td>投影数量</td><td></td></tr>
<tr><td>位置布局及进出口</td><td></td></tr>
<tr><td>灯光、室内温度</td><td></td></tr>
</table>

续表

项目		内容	完成情况
场地布置及物料准备	酒会区	指示牌	
		装饰品，如气球、LED灯、彩灯、鲜花、绿植	
		酒品种类和数量	
		调酒用具	
		酒品存放冰桶、冰块	
		饮料安排	
		吧台的布局位置及数量	
		灯光、温度、背景音乐	
	晚宴区	指示牌	
		桌签、桌花	
		菜单筹备、确认上菜时间等	
		自助餐台数量和位置	
		餐桌布局及数量	
		灯光、室内温度、背景音乐	
	延伸活动区	比如大合影场地设备的布置	
人员安排	迎宾区	迎宾	
		行李协助	
	签到区	签到人员	
		物品发放人员	
		签到处摄影人员	
	会议区/表演区	摄影人员	
		IT人员	
		主持人	
		表演节目人员	
	酒会区	酒水统筹员	
		酒水介绍人员	
		每个吧台的服务人员	
	晚宴区	服务人员	
		传菜人员	

续表

项目		内容	完成情况
其他	交通安排	进场所需自驾车的通行文件	
		自驾车停车位预留	
		进场所需大巴	
		酒会结束所需的大巴及送至市区的集散地	
	预演	会议现场IT设备调试	
		主持演练	
		舞蹈演练	
		乐队演练	
		翻译演练	
	活动执行	监督执行，团队沟通协作	
		临时突发情况应对处理	
	结束评估	感谢信	
		总结评估	

第六篇
题库 · 在线练习

第七篇

——收吧工作

一天的营业结束后，调酒师Alex将酒瓶一一擦拭并全部收到酒水存放柜内，在填写酒水盘存表及酒水原料领货单后，开始进行吧台清理与安全检查。

【想一想】

营业结束后，调酒师应认真完成哪些环节的收吧工作，以保证酒吧翌日的工作正常进行。

模块17 盘存酒水

【工作任务】

1. 掌握酒水盘存的相关知识。
2. 熟悉酒水盘存表的主要内容。
3. 明确酒水盘存工作的注意事项。

【引导问题】

1. 酒水盘存表包括哪些内容？
2. 酒水盘存工作应注意什么？
3. 酒水盘存的目的是什么？

酒吧调酒师的岗位职责与工作内容：

调酒师负责酒吧酒水的申请、保管和调配工作。调酒师要有较强的事业心，工作踏实、认真；掌握全面的酒水知识和酒水服务知识；具有一定的酒水服务技能和鸡尾酒调制技能；经过专业调酒培训，能以高标准的服务水准为客人服务。

（1）按正确的程序和方法为客人提供各类酒水服务。

（2）按正确的配方负责酒水调制工作，确保酒水质量。

（3）负责酒吧酒水的申请、补充和保存工作。

（4）负责酒吧的日常盘点工作并填写每日销售盘点表。

（5）负责酒吧日用品和设备的清洁、保养工作。

（6）做好酒吧的日常清洁卫生工作。

（7）学习新的鸡尾酒配方，并不断创新，推出新的鸡尾酒品种。

（8）完成酒吧领班或主管布置的其他任务。

在酒吧临近营业结束时，调酒师应清点酒水饮料，将酒吧现存酒水的准确数字以及当天所销售的酒水（以酒单的第二联的数目为准）填写到酒吧酒水记录簿（酒吧台账）上。该项工作应每天坚持、认真进行，一定要细心核对，严禁弄虚作假。对于贵重的酒水在统计时应精确到份。调酒师清点完酒水饮料后，一般由主管进行抽查。

一 酒水盘存工作流程

1. 核准清点酒水

在将酒水入库前，先清点数目及瓶装散酒的剩余量，并及时做好填报工作。

2. 填写酒水盘存表

酒水盘存表

部门：酒吧　　　　日期：　年　月　日　晚班

编号	品种	单位	基数	领入	调进	调出	售出	实存	备注
0029	咖啡利口酒	瓶	2	2		1		3	
……	……		……	……	……	……	……	……	……
0803	绝对伏特加	瓶	4		2		3	3	
……	……		……	……	……	……	……	……	……
0526	百威啤酒	瓶	120	80			140	60	
……	……		……	……	……	……	……	……	……
0901	哥顿金酒	瓶	5				3	2	
……	……		……	……	……	……	……	……	……

制表人：×××　　　　领班签名：×××

酒水盘存表的主要内容一般包括：

（1）编号：酒店对酒水原料的自编码。

（2）品种：酒水原料的全称。

（3）单位：酒水原料的计算单位，例如以瓶或以箱为单位等。

加油站

盘存酒水的目的：

（1）防止失窃。
（2）掌握存货出入的流动率，调整标准库存量。
（3）掌握销售量不高的酒水情况，调整销售内容。

实际盘存数的计算方法：

基数+领进数+调进数-调出数-售出数=实际盘存数

营业结束工作——清点酒水、填写报表：

清点当天销售的酒水及酒吧现存的酒水，填写酒水记录单或酒水盘存表。

填写当天酒吧经营状况，包括当天经营额、客人数量、人均消费额、特别事件和客人投诉等。当天的报表主要是提供给上级主管，以便其能掌握各酒吧的营业状况和服务情况。

（4）基数：开吧基数或晚班接班时酒水的实存数。

（5）领入：当日领货数量。

（6）调进：营业中，各酒吧之间酒水原料的临时调拨数。

（7）调出：营业中，各酒吧之间酒水原料的临时调拨数。

（8）售出：当班营业销售的酒水数量。

（9）实存：营业结束后清点库存的实存数。

（10）制表人：当值调酒师。

（11）领班签名：当值领班签名确认。

二 酒水盘存注意事项

（1）每班次当值调酒师都必须进行酒水盘点工作。

（2）交班或上班前首先要检查盘存表中开吧基数或实存数与库存实际数量是否相符。

（4）填写盘存表时字迹要工整、清晰、无涂改。

（5）填写盘存表时，领入数应与酒水领货单“实发数量”相同，应将酒水领货单附在盘存表后。

（6）填写盘存表时，调进、调出数应与酒吧调拨单上的数量相同，应将调拨单附在盘存表后。

（7）当日售出数应与当日点酒单统计数字相等。

（8）盘点酒水时多采用目测法，即把瓶装酒平分10等份（0.1瓶）来计算用量。

三 填写工作报表

认真填写工作日报表、酒吧日记等每日所需填报的单据及记录本，做好核对工作，确保每日工作无差错，为上级检查做好准备。

酒吧工作日报表的主要内容包括：当日的营业额、宾客的消费人数、平均消费额，当日发生的特别事件和宾客投诉以及投诉的处理情况。酒吧工作日报表是酒吧上级主管或经营者掌握酒吧营业的详细情况和服务状况以及经营动态的主要依据。

当日盘点（当日结算）：

酒吧结算包括给每一位客人的单笔结算和每日结算。将每位客人所点酒水和食品明细输入收银机中，客人饮酒结束时，打印消费账单让客人确认。账单内容包括：人数、服务员、台号、日期、所消费物品的种类、数量、单价、金额、合计金额等。每日工作结束，要依据单笔结算合计出每日销售数，填写每日销售汇总表，然后对当日销售情况进行分析，同时对酒吧柜台存放酒水进行盘点登记。

每日工作报告：

每日工作报告是营业状况的记录表，主要用于分析各酒吧营业和服务状况，通常由酒吧领班填写。当日营业额、客人人数和平均消费额等数据可从收款员处获得。

模块18 清理吧台

【工作任务】

1. 了解清理酒吧的工作内容。
2. 掌握酒吧清理的注意事项。

【引导问题】

1. 清理酒吧的工作内容包括什么?
2. 清理酒吧时需要注意哪些方面?

营业结束宾客全部离开后，酒吧工作人员可动手清洁整理酒吧。在清洁整理时，应先将使用过的、脏的酒杯全部收起送清洗间消毒清洗，所有陈列展示的酒水要小心取下放入酒柜中，零卖和调酒用过的酒水要用洁净的湿毛巾擦拭瓶口后再放入酒柜中。装饰性水果应用保鲜膜封好放入冷藏柜中保存。凡是启封后的啤酒、汽酒和其他碳酸型饮料一定要全部处理掉，不能再存放。收好酒水后，应将存酒柜锁好。将垃圾桶内的垃圾倒掉，并清洗干净。用干布将调酒壶、吧匙、量杯、冰夹等擦拭光亮、无水渍。用湿毛巾将酒吧台、工作台擦拭整洁，水槽和冰池用洗洁精洗净，将各种单据表格夹好锁入柜中。

一 清理酒吧的工作内容

（1）清洁杯具和调酒用具。一般情况下，酒吧于营业结束前15分钟，应告知客人进行最后一次点单。当客人全部离开酒吧后，把用过的酒杯、工具全部统一清洗干净，将工具收回到工作柜内锁好。

（2）填写各类报表。填写酒水盘存表、每日工作报告，根据酒吧库存和当日销售情况填写酒水领货单。

（3）锁酒柜。把后吧、工作吧中所有的酒瓶擦干净后收回酒水存放柜内，摆放整齐并上锁。

（4）清理装饰物。所有水果装饰物必须全部丢弃，不可留到次日再用。未做刀工处理、干净完整的水果应用保鲜膜包好放到冰箱内保鲜。

（5）倒垃圾。除倒掉酒吧内所有垃圾外，还应保证垃圾桶干净、无污迹，否则第二天早上酒吧就会因垃圾发酵而充满异味。

（6）清理台凳。擦干净桌面及座椅，恢复酒吧台凳的摆放原貌。

（7）清洁前吧台、工作吧台和后吧台。擦拭各吧台正面和侧面，使之光亮无污迹。

（8）清理星盘。把星盘内剩下的冰块全部倒掉，用清洁剂清洗每一个盘槽，最后统一用干布擦干净，要求无积水、无污迹。

（9）清理吧内地面。先用扫帚清扫，然后用拖布将地面擦干净，要求地面干爽、洁净。

（10）切断电源。应切断冰箱、制冰机外的一切电源，包括灯、电视机、咖啡机、搅拌机、咖啡炉、生啤酒机、空调和音响等。

（11）全面安全检查。清理、清点工作完成后要再全面检查一次，特别是要排除火灾隐患。消除火灾隐患在酒吧中是一项非常重要的工作，每个员工都要担负起责任。

（12）锁门。锁好酒吧大门，将酒吧钥匙交至前厅保管，同时要在交匙登记本上填写酒吧名称、交钥匙时间和本人姓名。

清洁酒杯、工具：

调酒师每天都应严格对酒杯和调酒用具进行清洁、消毒，即使没有用过的器具也不例外。在清洁酒杯、工具的同时，要认真检查酒杯有无破损，如有，应立即处理掉，并填写报损清单。

清洁冷藏柜和展示冷柜：

酒吧冷藏柜和展示冷柜由于经常堆放酒瓶、罐装水果和听装饮料，很容易在隔架层上形成污渍，所以必须每天用湿抹布擦拭。

营业结束后，冰箱、制冰机等不用切断电源：

（1）冰箱要24小时运行，对个别原料保鲜，延长酒水原料保质期，并使需要预冷的酒水保持恒温。

（2）制冰机要不断制冰，补充营业中消耗的冰块。

清洁吧台和工作台：

营业期间，调酒师会不断地清洁整理吧台，因此，吧台上的污渍和污迹相对较少。每天营业前后，调酒师一般用抹布擦拭吧台，喷上上光蜡，再使用毛巾擦拭光亮即可。

多数酒吧是以不锈钢作为台面的，可直接用清洁剂擦拭，清洁干净后用干毛巾擦干。

清洁地面：

酒吧内的地面常用石质材料或地板砖铺砌而成，营业前后都应使用拖把将地面擦洗干净。

清洁其他区域：

酒吧其他营业区域主要包括吧台外的宾客座位区和卫生间，以及酒吧门厅等场所，这些区域一般由酒吧接待服务员按照酒吧清洁卫生标准来清洁。清洁工作主要包括环境清扫和整理两大部分。注意在整理过程中将台面上的烟缸、花瓶和酒牌按酒吧指定位置摆放整齐。

其他工作

将酒吧内除冷藏柜、制冰机以外的所有电器包括榨汁机、咖啡炉、生啤酒机、软饮料供给器、搅拌机、空调、音响等开关关闭。锁好酒柜，检查确认无任何火灾隐患后，将门窗锁好，关闭照明电源。最后把当日工作报表、酒水小食供应单、酒水调拨单以及缺货通知单等一并交酒水部办公室或酒吧经理，方可下班。

第七篇
题库·在线练习

参考书目

1. 徐利国. 调酒知识与酒吧服务[M]. 北京：高等教育出版社，2010.

2. 李晓东. 酒吧知识与酒吧管理[M]. 北京：高等教育出版社，2005.

3. 国家旅游局人事劳动教育司. 酒水知识与服务[M]. 北京：旅游教育出版社，2004.

4.（法）费多・迪夫思吉. 酒吧圣经[M]. 上海：上海科学普及出版社，2012.

后记

《酒水服务》是中等职业教育高星级饭店运营与管理专业核心课程教材，第1版于2019年出版，2020年，该版教材入选“十三五”职业教育国家规划教材。

第2版教材包含纸质教材、听力练习、必备专业知识、题库、教学视频共五部分内容。

纸质教材为“十三五”职业教育国家规划教材，它以“职业全程模拟”教学模式为理论依据，按照学习者的成长规律和认知规律设计编写框架，以培养符合餐饮运营服务岗位要求的实用技能型人才为培养目标，以项目的设定为教学任务，从最新、最前沿的行业规范及标准对编写内容进行了梳理和整合。全书共有七大模块，学习者可通过每一模块中的工作任务及引导问题开始知识点的体验与探究，最后在实训练习中对该项任务进行评价考核。教材的教学案例丰富，知识架构紧凑，知识点明确，图文并茂，具有较强的可读性、操作性和趣味性。

听力练习涉及专业词汇、常用表达、日常对话三部分内容；必备专业知识包括世界各国生产的著名啤酒、以葡萄品种命名的知名葡萄酒品牌、西餐与葡萄酒的搭配、葡萄酒的颜色鉴别、世界经典鸡尾酒配方共五部分与西餐制作及餐饮运营服务密切相关的知识点，题型涉及填空、选择、简答、连线、翻译等；题库针对全书共七篇内容设计，最后还设计了一套针对全书各知识点的模拟练习题；教学视频包括鸡尾酒调制等30个资源。

教材深入浅出、层层递进，让读者在学习中练习，在练习中提高。

第2版教材由文珺、刘玉、曾萍担任主编，赵丽华、胡瑾、陈莹、张玉、喻敏捷、罗琳担任副主编，其中，模块1、模块2由曾萍编写；模块3、模块7由刘玉编写；模块4由文珺编写；模块5由赵丽华编写；模块6由胡瑾、喻敏捷编写；视频资源由张玉、罗琳、文珺完成，必备专业知识二维码教学资源“世界各国生产的著名啤酒”、“以葡萄品种命名的世界知名葡萄酒品牌”、“西餐与葡萄酒的搭配”由赵桂珍编写整理，“世界经典鸡尾酒配方”由文珺编写，“酒水服务英语”由胡瑾编写；陈莹负责稿件校对及审核。

由于编者水平有限，书中难免存在错漏之处，恳请专家、读者批评指正。

编者

附录1：酒水服务英语常见词汇

Professional nouns 专业名词

Bar 酒吧

Bartender 调酒师

Barman 酒吧服务员

Wine List 酒单

Liter 升

Par 基本存量

Proof 酒精度数

Wine 酒品

Rum 朗姆酒

Cocktail 鸡尾酒

Brandy 白兰地

Whiskey 威士忌

Scotch 苏格兰威士忌

Bourbon 烈性威士忌

Irish 爱尔兰威士忌

Vodka 伏特加酒

Gin 金酒

Aperitif 开胃酒

Campari 金巴利

Pernod 皮诺

Dubonnet 杜本内

Martini Rosso 马天尼

Dinner Wines 佐餐酒

Fermented 酿造酒

Sparkling Wine 起泡酒

Beer 啤酒

Porter 黑啤酒

Draft Beer 生啤酒

Sake 日本米酒

Liqueurs Cordials 香甜酒

Tequila 特吉拉酒

Cherry Heering 樱桃甜酒

Grand Marnier 金万利

Amaretto 杏仁甜酒

Kahlua 咖啡甜酒

Creme De Cassis 黑加仑

Champagne 香槟

Methods of Mixology 调酒方法

Stirring 调和法

Shaking 摇晃法

Floating 漂浮法

Building 兑和法

Blending 搅拌法

Drinks 饮料

Apple Juice 苹果汁

Lemon Juice 柠檬汁

Tomato Juice 番茄汁

Orange Juice 橘子汁

Grape Juice 葡萄汁

Strawberry Purees 草莓水果浓汁

Pineapple Juice 凤梨汁

Passion Fruit Juice 百香果汁

Papaya Juice 木瓜汁

Coconut Milk 椰子奶

Seven Up 七喜汽水

Sprite 雪碧汽水

Coca Cola 可口可乐

Soda Water 苏打水

Mineral Water 矿泉水

Bar Utensil 酒吧用具

Punch Bowl 香槟桶

Wine Cooler 酒桶

Wine Cooler Stand 酒桶架

Ice Bucket 冰筒

Ice Tongs 冰夹

Measure for Liquor 量酒器

Cocktail Shaker 摇酒壶

Cocktail Strainer 过滤器

Mixing Glass 调酒杯

Bar Spoon 吧匙

Bottle Opener 开瓶器

Cork-screw 螺丝刀

Wine Opener 开瓶刀

Straw 吸管

Pitcher 水壶

Wooden Muddler 木质搅拌棒

Glassware 玻璃器皿

Water Goblet 水杯

Red Wine Glass 红酒杯

White Wine Glass 白酒杯

Liqueur Glass 利口杯

Sherry Glass 雪利杯

Cocktail Glass 鸡尾酒杯

Collins 柯林斯杯

Old Fashioned 古典杯

Champagne Flute 窄口香槟杯

Champagne Saucer 宽口香槟杯

Brandy Glass 白兰地杯

Beer Glass 啤酒杯

Beer Mug 扎啤杯

Mug 马克杯

Beer Tumbler 平底啤酒杯

Hi-Ball 饮料杯（海波杯）

Juice Glass 果汁杯

Balloon Glass 大红酒杯

Margarita 玛格丽特杯

Irish Coffee Glass 爱尔兰咖啡杯

Decanter 沉淀杯

Salt Rimmer 雪盐杯

Sugar Rimmer 雪糖杯

Pousse Café 彩虹酒杯

Shot Glass 短饮酒杯

Bill 账单类

Check Folder 账单夹

Tab 账单

Beverage Menu 饮料单

In blocked Letter 正楷

Signature 签名

Pay Cash 付现金

VIP Card 贵宾卡

Discount Card 打折卡

Credit Card 信用卡

Sign Bill 签单

Charge to Room 挂房账

One Check 一张单据

Separate Check 分单

附录2：酒水服务英语常用表达

Greeting guests at the door 迎宾

1. Good morning, ladies and gentlemen. 早上好，女士们，先生们。
2. Welcome to our bar. 欢迎光临我们酒吧。
3. Glad to meet you again. 欢迎再次光临。

Asking whether the guests have a reservation or not 是否有预订

1. Do you have a reservation? /Have you got / made a reservation? 您有预订吗?
2. In whose name was the reservation made? 请问以谁的名义预订的?
3. Let me check the reservation list. We do have a reservation under Mr. Smith. 让我查一下预订单。我们的确有史密斯先生的预订。
4. You reserved a table for two by the window. 您预订了一张靠窗的两人桌。
5. How many people are in your party? 一共多少人用餐？
6. I'm sorry, sir. There's no vacant table for the moment. 先生，很抱歉。现在没有空位了。
7. The bar is full now. But we might be able to seat you in 20minutes. 酒吧现在客满。但我们可以在 20 分钟以后安排您入座。
8. Could you wait for a moment in the lounge, please ？ 请您在休息室里稍等一下。
9. We'll seat you as soon as we have a table. 一有空桌我们就会安排您入座。
10. Sorry to have kept you waiting. 抱歉让您等这么久。
11. Your table is ready now, sir. Please come with me. 先生，您的桌子已经准备好了。请随我来。

Leading guests 引导客人

1. This way, please. 这边请。
2. Come with me. 请跟我来。
3. Could you follow me, please? 请跟我来，好吗?
4. Would you come this way, please. 请您这边走。

Where to sit/ choosing a table 选择座位

1. Is this table OK? 这张桌子可以吗?
2. Is this table fine with you? 这张桌子您还满意吗?
3. Will this table be all right? 这张桌好吗?
4. Would you like this table? 您愿意坐这张桌子吗?
5. Would you like to take this table? 您愿意坐这张桌子吗?
6. Where would you like to sit? 您想坐哪儿?
7. Where would you like to sit, here by the window or near the door? 您想坐哪儿，窗边还是门边?
8. Would you like to sit in the smoking or non-smoking section? 您想坐在吸烟区还是非吸烟区?
9. Would you like a table near the bar or by the window? 您是坐在吧台旁还是坐在窗口旁?
10. Which would you like better, a table in the hall or a private room? 您想要大厅的位置还是单独的包房?
11. The minimum charge for a private room is 200 Yuan per person. 包间的最低人均消费是 200 元。
12. We have a table reserved for you. 我们为您预留了位子。

Taking a seat 入座

1. Take a seat, please! 请坐!
2. I'll bring you the wine list. Please wait a moment. 我给您拿酒单来，请稍等。
3. Here's the wine list. Please take your time and a waiter will come to take your order. 这是酒单。请您慢慢看，待会儿服务员会来帮您点酒。

Taking orders 点酒

1. Here is the wine list. 这是酒水单。
2. Are you ready to order now? / May I take your order now? 请问您现在可以点酒了吗?
3. What would you like to drink, sir? 您想喝点什么，先生?
4. The dry white wine is sold by bottle. 干白葡萄酒是按瓶卖的。
5. Would you like to order an aperitif ? 您要先来点开胃酒吗?
6. Would you like to try our special drinks? 您想尝一下我们的特饮吗?

7. Cocktails are available, such as Martini, Manhattan.Which do you prefer? 我们有各种鸡尾酒，如马天尼、曼哈顿酒。您要哪种？

Paying Bills 结账

1. Would you like to have the bill now, sir? 请问您是现在结账吗？
2. Sir, this is your bill. It comes to RMB... 这是您的账单，先生。总共是人民币……
3. How would you like to pay, in cash or by credit card? 请问您想怎么付账，现金还是信用卡？
4. Service charge is included in the bill. 账单里包含了服务费。
5. There is a 10% discount on the total bill. 给您的总账单打了九折。
6. A 10% service charge has been added to the total. 总费用中加收了 10% 的服务费。
7. Please check it first. 请先核对一下。
8. Would you like the amount on the same bill or separately? 请问是分单结账还是合在一起结账？
9. Would you like to pay one bill or separate bills? 请问是一起买单还分开买单？
10. I'm sorry. I shall add it up again, madam. 对不起，我再算一遍，夫人。
11. Excuse me, sir. May I have your room key and room card? 对不起，先生，您能告诉我您的房号并出示您的房卡吗？
12. Please sign your name and room number here. 请签上您的姓名和房间号码。
13. Excuse me, sir. Would you please sign your name here? 打扰了，先生，请在这儿签名。

Farewell 送客

1. Glad you enjoyed your meal, Good-bye. 很高兴您用餐愉快，再见。
2. Thank you very much. Have a nice day/evening. 十分感谢！祝您有愉快的一天 / 夜晚。
3. Thank you, sir. We hope to see you again. 谢谢，先生！希望再次为您服务。
4. We hope to serve you again, sir. Good night. 希望再次为您服务，先生。晚安。
5. Thank you for coming. Welcome again next time. 感谢光临。 欢迎下次光临。

《酒水服务》第2版二维码资源

在线资源

1. 听力·酒水服务英语

（1）Vocabulary 专业词汇

专业词汇文本. PDF

001

Professional nouns 专业名词

听力

专业名词. MP3

002

Wine 酒品

听力

酒品. MP3

003

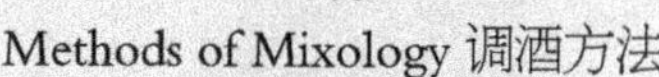

Methods of Mixology 调酒方法

听力

调酒方法. MP3

004

Drinks 饮料

听力

饮料. MP3

005

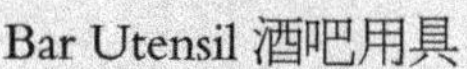

Bar Utensil 酒吧用具

听力

酒吧用具. MP3

006

Glassware 玻璃器皿

听力

玻璃器皿. MP3

007

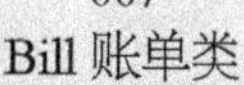

Bill 账单类

听力

账单类. MP3

(2) Useful Expressions 常用表达

常用表达文本. PDF

001
Greeting guests at the door
迎宾

听力
迎宾. MP3

002
Asking whether the guests have a reservation or not 是否有预订

听力
预订. MP3

003
Leading guests
引导客人

听力
引导客人. MP3

004
Where to sit/ choosing a table
选择座位

听力
选择座位. MP3

005
Taking a seat
入座

听力
入座. MP3

006
Taking orders
点酒

听力
点酒. MP3

007
Paying Bills 结账

听力
结账. MP3

008
Farewell 送客

听力
送客. MP3

（3）Dialogue 日常对话

日常对话文本. PDF

001
Dialogue1

听力
对话1. MP3

002
Dialogue2

听力
对话2. MP3

003
Dialogue3

听力
对话3. MP3

004
Dialogue4

听力
对话4. MP3

005
Dialogue5

听力
对话5. MP3

006
Dialogue6

听力
对话6. MP3

007
Dialogue7

听力
对话7. MP3

2. PDF · 必备专业知识

001
世界各国生产的著名啤酒

世界各国生产
的著名啤酒

002
以葡萄品种命名的知名葡萄酒品牌

以葡萄品种命名的
知名葡萄酒品牌

003
西餐与葡萄酒的搭配

西餐与葡萄酒
的搭配

004
葡萄酒的颜色鉴别

葡萄酒的
颜色鉴别

005
世界经典鸡尾酒配方

世界经典
鸡尾酒配方

3. 题库

001

第1篇

002

第2篇

003

第3篇

004

第4篇

005

第5篇

006

第6篇

007

第7篇

008

模拟练习

4. 教学视频

（1）鸡尾酒装饰

001

鸡尾酒装饰1

002

鸡尾酒装饰2

003

鸡尾酒装饰3

004

鸡尾酒装饰4

005

鸡尾酒装饰5

006

鸡尾酒装饰6

007

鸡尾酒装饰7

008

鸡尾酒装饰8

009

鸡尾酒装饰9

010

鸡尾酒装饰10

011

鸡尾酒装饰11

012

鸡尾酒装饰12

013

鸡尾酒装饰13

014

鸡尾酒装饰14

015

鸡尾酒装饰15

（2）酒吧水果盘制作

001

酒吧水果盘制作1

002

酒吧水果盘制作2

003

酒吧水果盘制作3

004

酒吧水果盘制作4

005

酒吧水果盘制作5

（3）鸡尾酒调制

001

椰林飘香

002

新加坡司令

003

特吉拉日出

（4）酒水出品服务

001

白兰地出品服务

002

威士忌出品服务

003

特吉拉出品服务

004

软饮料出品服务

（5）葡萄酒服务

001

白葡萄酒服务

002

红葡萄酒服务

003

起泡葡萄酒服务

5. 题库·在线练习索引

策　　划：景晓莉
责任编辑：景晓莉
封面设计：卡古鸟设计

旅游教育出版社
天猫旗舰店

ISBN 978-7-5637-4357-5
定价：38.00 元